Martin Bultmann

Terminologie für Pharmazeuten

DR. MARTIN BULTMANN
Ruprecht-Karls-Universität Heidelberg
Institut für Pharmazeutische Technologie
und Biopharmazie
Im Neuenheimer Feld 366
69120 Heidelberg

J.M.B.
Verlag
-2003-

Bibliografische Information der Deutschen Bibliothek:
Die Deutsche Bibliothek verzeichnet diese Publikation in der Deutschen Nationalbibliografie; detaillierte bibliografische Daten sind im Internet über http://dnb/ddb.de abrufbar.

3. Auflage 2003

Herstellung: Books on Demand GmbH, D-Norderstedt

ISBN 3-8330-0719-2

Der Mensch hat dreierlei Wege klug zu handeln:
erstens durch Nachdenken, das ist der edelste,
zweitens durch Nachahmen, das ist der leichteste,
drittens durch Erfahrung, das ist der bitterste.

Konfuzius

Terminologie für Pharmazeuten

Aus dem Vorwort zur zweiten Auflage

Die Terminologie als die Lehre von den Begriffen beschäftigt sich damit, die Fachausdrücke, die gerade bei der pharmazeutischen und medizinischen Terminologie oftmals Fremdsprachen entstammen, zu erläutern. Doch nicht nur lateinische oder griechische Worte müssen übersetzt, sondern oftmals neben englischen auch deutsche Begriffe genau erklärt werden.

Für das in der Pharmazie verwendete Latein besteht nach wie vor die Notwendigkeit, Substantive zu deklinieren. Auch wenn meist nur der Nominativ und der Genitiv von Interesse sind, so werden doch alle Fälle der am meisten verwendeten Deklinationen aufgeführt. So sind der Akkusativ und der Ablativ bei Verwendung einiger Präpositionen notwendig. Auf die Konjugation von Verben wird hingegen verzichtet, denn der Aufwand erscheint nicht gerechtfertigt, da Verben in der pharmazeutischen Terminologie meist nur als Partizipien, im Imperativ oder im Konjunktiv vorkommen und die unterschiedlichen Personen seltenst gebraucht werden.

Von der griechischen Sprache sind neben Zahlworten, Prä- und Suffixen lediglich Wortstämme und Adjektive aufgeführt. Eine griechische Grammatik erscheint hier nicht zwingend notwendig.

Die Kapitel medizinische Terminologie -beschränkt auf die Anatomie und Pathologie-, Technologie, Chemie und Biologie sollen nur die in diesen Bereichen üblichen, häufig vorkommenden Termini erklären, nicht jedoch den Lehrinhalt dieser Fachgebiete vermitteln.

Die Nennung von Begriffen in den unterschiedlichen Kapiteln ist rein willkürlich. Sie ist so gewählt, wie sie am besten in den Kontext paßt. Hierbei wurde versucht, Wiederholungen zu vermeiden. Dies läßt sich jedoch nicht immer konsequent verwirklichen, so daß einige Begriffe an verschiedenen Stellen in unterschiedlichen Zusammenhängen auftreten, wenn es sinnvoll erscheint, diese dort zu verwenden.

Die Gliederung ist so angelegt, daß allgemeine Grundlagen zu Anfang abgehandelt werden, auf die dann weitere Teilthemen aufbauen können. Neben der Gliederung sind auch Inhalt und Form zwar mit Bedacht, letztlich jedoch rein subjektiv festgelegt worden.

In der nunmehr vorliegenden zweiten Auflage sind Rechtschreibfehler korrigiert, die sich leider immer einschleichen, das Stichwortverzeichnis ist erheblich erweitert und auch inhaltlich sind in weiten Bereichen Änderungen vorgenommen worden. Um den Umgang mit dem Buch zu erleichtern, sind in längeren Listen die wichtigen oder häufig vorkommenden Begriffe kursiv gedruckt. Weiterhin finden sich nun neben lateinischen Begriffen, die ggf. zu deklinieren sind, die Angaben zu Deklination und Geschlecht.

Anregungen, die zur Verbesserung dieses Buches beitragen können, nehme ich auch weiterhin dankbar entgegen.

Heidelberg, im Oktober 2000 *Martin Bultmann*

Inhaltsverzeichnis

1 DIE SPRACHE DER WISSENSCHAFT

In allen wissenschaftlichen Disziplinen gibt es heute mehr Wissen, als der Einzelne noch vollständig aufzunehmen vermag. Eine Weitergabe dieses Wissens von einer auf die nächste Generation ist also zwingend notwendig. Genauso wichtig ist, daß sich das neu hinzugewonnene Wissen -einem neuen Stein in einem riesigen Puzzle gleich- präzise in das bisherige einfügen läßt. Kurze, exakt definierte Ausdrücke helfen hierbei, Mißverständnisse zu vermeiden und emotionslos die gefundenen Sachverhalte zu schildern. Genau hiermit beschäftigt sich die Terminologie einer jeden Fachrichtung.

Das (Alt)griechisch und das Latein waren im Altertum die Sprachen der kultivierten Welt, haben sich aber auch als inzwischen quasi tote Sprachen nach wie vor in der Wissenschaft gehalten, auch wenn dies auf den ersten Blick widersinnig erscheint: tote Sprachen unterliegen keinen Änderungen mehr, so wie es lebendige Sprachen tun. Somit bleibt die Begrifflichkeit eines Wortes konstant und ändert sich nicht mehr mit der Zeit; ein großer Vorteil, wenn es um exakte Definitionen geht, wie wir sie ja wünschen. Ein Garant also dafür, daß die Aussage eines Wissenschaftlers bzw. Fachmanns auch von einem zweiten genauso verstanden wird, wie sie gemeint ist.

Kann mithilfe eines spezifizierten Ausdruckes eine umständliche Erklärung vermieden werden, so erleichtert dies die Kommunikation natürlich ungemein. So ist z.B. durch „Bereite daraus einen Infus" kurz und knapp gesagt, daß 1 Teil der vorschriftsmäßig zerkleinerten Droge mit 3 bis 5 Teilen Wasser durchzukneten ist ... [hier geht's in der Vorschrift noch etliche Zeilen weiter]... bevor letztendlich auf das vorgegebene Gewicht aufgefüllt wird.

Ein weiterer Vorteil gerade des Griechischen besteht darin, mehrere Worte oder Wortbestandteile zusammenzusetzen, um Kompliziertes möglichst einfach auszudrücken[1]. Dieses Eigenschaft bietet das Latein nicht, was aber insbesondere die Mediziner nicht davor zurückgeschreckt hat, lateinische mit griechischen Wortfragmenten zu verknüpfen, um so neue Begriffe zu kreieren und gleichzeitig zu definieren.

In der Biologie ist dagegen eine Flexibilität nicht notwendig bzw. nicht erwünscht, so daß man sich hier eher der Starrheit des reinen Lateins bedient.

---

1 Diesen Vorteil weist im Übrigen auch die deutsche Sprache gegenüber anderen Sprachen auf. Man denke nur an solche Konstrukte wie „Türschloßzylinder"

2 ZIELSETZUNG

Sinn der Unterrichtsveranstaltung „Pharmazeutische und Medizinische Terminologie“ ist es im wesentlichen, die in der Pharmazie gebräuchlichen Fachausdrücke zu verstehen, um Rezepte richtig zu lesen, Rezepturen lege artis anfertigen, Beipackzettel erklären und so mit Arzt und Patient kommunizieren zu können.

Es soll sowohl die Bedeutung deutscher bzw. eingedeutschter Fachausdrücke erklärt werden, wie auch lateinische oder griechische Wortgebilde aus Wortstamm und Endung, die darüber hinaus noch mit Vor- oder Endsilben versehen sein können.

Nach Zerlegen in die einzelnen Wortbestandteile kann bei den meisten Fachausdrücken leicht deren deutsche Bedeutung erschlossen werden. Einige lassen sich jedoch nicht mit den klassischen grammatikalischen Regeln wörtlich übersetzen, da sich im Laufe der Zeit der ein oder andere Ausdruck von seiner ursprünglichen Bedeutung losgelöst und verselbständigt hat, wobei zwar Wurzeln meist noch deutlich zu erkennen sind, die eigentliche Bedeutung allerdings nicht immer einwandfrei abgeleitet werden kann.

Diese Zusammenstellung kann und soll nicht umfassend sein sondern lediglich eine ausreichende Grundlage für die pharmazeutische Ausbildung darstellen.

3 HERKUNFT

Die meisten Fachausdrücke entstammen der lateinischen oder der griechischen Sprache, einige Ausdrücke kommen jedoch auch aus dem Französischen (z.B. Bürette, Dragee, Droge, Küvette) oder dem Arabischen (Alkohol, Alkali, Elixier, Sirup). Neuerdings halten mehr und mehr Anglismen nicht nur in die Umgangssprache sondern auch in die Fachsprache Einzug. Besonders bei den Bezeichnungen der Pflanzen treten häufig auch latinisierte (d.h. aus dem Deutschen in das Latein zurückübersetzte) Bezeichnungen auf, die dann jedoch i. d.R. nicht mitdekliniert werden.

Die Herkunft der Worte läßt sich bisweilen anhand ihrer Schreibweise erkennen, wobei bestimmte Buchstaben, Endungen oder auch Vorsilben eindeutige Hinweise geben können:

- Endungen der eingedeutschten Formen

-ie, -om, -ose, -ion statt lat. -io	lateinisch

Bsp.: Kumulat*ion*, Mutat*ion*, Granul*om*, Nekr*ose*

- Buchstaben

k, y, z, ch, ph, rh, th, j	griechisch (diese Buchstaben existieren im Lateinischen nicht bzw. nur extrem selten)

Bsp.: h*y*dro*ph*il, *Ph*os*ph*or, schi*z*ogen

- Präfixe (Vorsilben)

anti- dys- epi- kata- para-	griechisch

Bsp.: *Dys*plasie, *kat*aboler Stoffwechsel, *Kat*arrh

4 GRIECHISCHES ALPHABET

Auch wenn die meist altgriechischen Fachbegriffe oder Wortbestandteile in der uns verrauten lateinischen Transkription angegeben sind, kommen einzelne griechische Groß- bzw. Kleinbuchstaben in allen naturwissenschaftlichen Fächern insbesondere als Formelzeichen aber auch zur genaueren Bezeichnung von Substanzen vor.

Buchstabe		Bezeichnung	Aussprache
Α	α	alpha	a
Β	β	beta (nicht betta!)	b
Γ	γ	gamma	g
Δ	δ	delta	d
Ε	ε	epsilon	e, kurz
Ζ	ζ	zeta	z
Η	η	eta	e, lang
Θ	ϑ	theta	th
Ι	ι	jota	i
Κ	κ	kappa	k
Λ	λ	lambda	l
Μ	μ	mü	m
Ν	ν	nü	n
Ξ	ξ	xi	x
Ο	ο	omikron	o, kurz
Π	π	pi	p
Ρ	ρ	rho	r
Σ	ς[2] bzw. σ[3]	sigma	s
Τ	τ	tau	t
Υ	υ	ypsilon	y
Φ	φ	phi	ph
Χ	χ	chi	ch
Ψ	ψ	psi	ps
Ω	ω	omega	o, lang

Beispiele:α-Liponsäure, ω-Fettsäuren, ρ als Formelzeichen für die Dichte, Ω für den elektrischen Widerstand, das „Zeta(ζ)-Potential", μ als Verkleinerungsfaktor 1/1000 bei Einheiten wie in „μm".

2 Am Wortende
3 Am Wortanfang und in der Wortmitte

5 BETONUNG, AUSSPRACHE

Die Betonung und die Aussprache der lateinischen Begriffe sind nicht besonders schwierig oder gewöhnungsbedürftig; meist wird man intuitiv die richtige Form wählen. Die wenigen Besonderheiten, die das Lateinische bringt, sollen hier kurz vorgestellt werden.

5.1 Vokale

Die Vokale a, e, i, o, u können prinzipiell kurz oder lang gesprochen werden.
Vokale vor Vokalen hingegen sind immer kurz (z.B. arbor*eu*s).

5.2 Doppellaute

Doppellaute (Diphthonge) werden **getrennt** wie in ol*e*-*u*m, len*i*-*e*ns, purpur*e*-*u*s, spec*i*-*e*s **oder als Doppellaute** (ä, ö, ü, eu) wie in H*ae*molyse oder europ*ae*a gesprochen.
Wenn ein **Trema** (¨) über dem zweiten Vokal steht, werden Doppellaute **immer getrennt** gesprochen. Als Beispiele seien hier Benz*oë* oder Al*oë* genannt. Das Trema wird jedoch ebenso wie einige andere die Betonung bestimmende Auszeichnungen oftmals nicht ausgeschrieben.

5.3 Silbenbetonung

Im Lateinischen gelten folgende Betonungsregeln:

- Silben sind lang, wenn sie einen Doppellaut oder langen Vokal aufweisen oder wenn auf einen kurzen Vokal zwei Konsonanten folgen
- Es wird niemals die letzte Silbe eines Wortes betont
- Die Betonung liegt nicht nach[4] der drittletzten Silbe
- Die vorletzte Silbe wird betont, wenn diese lang ist
- Ist die vorletzte Silbe kurz, wird die drittletzte betont

---

[4] vom Wortende aus gezählt

5.4 „c“

Das c wird vor Lauten wie e, i, y, ae, oe und eu wie „z“ ausgesprochen, vor Konsonanten und Lauten wie a, o, u oder ai, au, eu hingegen wie „k“.

Bsp.: A*c*idum, A*c*etum, *c*aeruleus, *C*uprum, Tin*c*tura, *C*ir*c*us, *C*o*c*ain

5.5 „i“

Am Wortanfang und zwischen zwei Vokalen wird es zu einem „j“ verzogen.

Bsp.: ma*i*us

5.6 „ti“

Die Buchstabenfolge ti wird wie „zi“ ausgesprochen. Dies gilt allerdings nicht, wenn das „ti“ als Element der Zeichenfolge „sti“ auftritt!

Bsp.: Essen*ti*a, Lo*ti*o aber: Combu*sti*o

5.7 „u“

Tritt das u als Bestandteil von „ngu“ oder „gu“ vor Vokalen auf, so verblasst es fast zu einem „w“.
Bsp.: Ung*u*entum

5.8 „v“

Das v wird wie „w“ gesprochen.

Bsp.: *V*aselinum, fla*v*us

5.9 „y“

Das y kann wie „j“ oder wie „ü“ ausgesprochen werden.

Bsp.: *Y*ohimbin (sprich „Johimbin“), Phen*y*l- (sprich „Phenül“), Yttrium (sprich „Üttrium“)

6 SCHREIBWEISE

Im Lateinischen werden nur Eigennamen sowie die Worte zu Beginn eines Satzes groß geschrieben.

Im *medizinischen Bereich* werden oftmals Begriffe verwendet, die aus mehreren Worten bestehen. Das *eigentliche Hauptwort* wird hierbei *immer groß* geschrieben, wohingegen die näher bezeichnenden *Beifügungen* (Adjektive oder nochmals Hauptworte) *klein* geschrieben folgen (z.B. Musculi colli, Myasthenia gravis).

Die in der *Pharmazie* verwendeten *Hauptworte* wurden in den alten Arzneibüchern *alle groß* geschrieben, wenn sie als Termini technici wie z.B. „Extractum Belladonnae" zur Anwendung kommen; die *Adjektive* wie in „Extractum Belladonnae normatum" bleiben dabei jedoch *klein*. In den neueren Arzneibüchern hingegen hält wieder die klassische lateinische Kleinschreibung Einzug.

Beispiele:

Aus alten Arzneibüchern:

Aqua Menthae piperitae
Herba Chelidonii
Extractum Secalis cornuti fluidum
Ferrum carbonicum cum Saccharo
Linimentum Calcariae
Placenta Seminis Lini

Aus neuen Arzneibüchern:

Allii sativi bulbi pulvis
Acidum sorbicum
Althaeae radix
Belladonnae folii extractum siccum normatum
Millefolii herba

Medizinisch:

Musculus brachialis
Nervus auricularis magnus

7 LATEINISCHE GRAMMATIK

7.1 Wortarten

Grundsätzlich werden im Lateinischen verschiedene Arten von Worten unterschieden, aus denen man letztendlich einen Satz bilden kann. Hierzu zählen zunächst die *Nomina*, die sich weiter in die für die Terminologie wichtigen **Substantive** und **Adjektive** unterteilen lassen. Substantive oder Hauptworte (Beispiel: cera = Wachs) sind deklinierbar. Sie bestehen aus einem Wortstamm und einer Endung, in der sich das Geschlecht (Genus), der Fall (Kasus) und die Anzahl (Numerus) wiederspiegeln. Auch die Eigenschaftsworte oder Adjektive (Beispiel: flavus, -a, -um = gelb) sind deklinierbar.
Daneben existieren noch die **Verben**, deren Eigenschaft es ist, konjugierbar zu sein. Ihre Endung gibt u.a. Aufschluß über die Zeit, die Person und ob die Handlung aktiv oder passiv erfolgt.
Artikel existieren im Lateinischen jedoch nicht.
Daneben existieren noch eine Reihe von unveränderlichen (unflektierbaren) Worten, zu denen insbesondere die **Adverbien** (Umstandsworte z.B. langsam, kalt), **Präpositionen** (Verhältnisworte z.B. über, unter, zwischen), **Partikel** (z.B. sehr, doch, nur, wenigstens, sogar) und **Konjunktionen** (Bindeworte z.B. damit, oder, da, und) zählen.
Da die Konjugation von Verben nicht zwingend erforderlich ist, wird an dieser Stelle auf die einschlägigen Grammatiklehrbücher verwiesen und es sollen stattdessen nur die Deklinationen betrachtet werden.

7.2 Substantive

Substantive, die im Deutschen auch mit dem Begriff Hauptworte beschrieben werden, bezeichnen Menschen, Tiere, Pflanzen, Dinge (z.B. Frau, Vogel, Holunder, Tisch) oder auch abstrakte Begriffe (z.B. Mut, Krankheit, Liebe). Jedem Substantiv ist im Deutschen geanuso wie im Lateinischen ein Geschlecht (Genus) zugeordnet, das dieses als männlich (maskulin), weiblich (feminin) oder sächlich (neutrum) ausweist.

Maskulina	Fisch, Mann, Baum, Peter
Feminina	Tasse, Frau, Fliege, Liebe, Petra
Neutra	Kind, Fell, Haus

7.2.1 Substantive und Artikel

Im Deutschen stehen diese Substantive oftmals in Verbindung mit einem bestimmten (der, die, das) oder unbestimmten Artikel (ein, eine, ein). Solche *Artikel existieren im Lateinischen nicht*. Hier weisen üblicherweise die *Wortendungen* auf das betreffende Geschlecht hin (z.B. succ*us* (m) = der Saft, glandul*a* (f) = die Drüse, foli*um* (n) = das Blatt).

7.2.2 Der Numerus der Substantive

Der Numerus (Singular oder Plural) gibt an, ob das Substantiv in der Einzahl oder der Mehrzahl gemeint ist (z.B. das Haus, die Häuser).

7.2.3 Deklinationen

Substantive werden in einem Satz in unterschiedlichen Formen gebraucht, die man als Fälle (lat. Kasus = der Fall) bezeichnet. Während das Deutsche vier Fälle kennt, die Antwort auf die Fragen „Wer?", „Wessen?", „Wem?", „Wen?" geben, verwendet das Latein üblicherweise fünf[5] Fälle.

Fälle geben Antwort auf die Fragen...

	Deutsch	Latein	deutsches Beispiel
1. Fall (Nominativ)	Wer? Was?	Wer? Was?	*Das Haus* ist schön
2. Fall (Genitiv)	Wessen?	Wessen?	Die Farben *des Lichts*
3. Fall (Dativ)	Wem?	Wem?	*Meiner Schwester* gefällt das Fahrrad
4. Fall (Akkusativ)	Wen? Was?	Wen? Was?	Ich kaufe *ein Haus*
5. Fall (Ablativ)	-	Womit? Wodurch?[6]	-

Die Substantive des Latein, denen wie oben beschrieben ein Geschlecht zugeordnet ist, stehen in einem der fünf Fälle (Nominativ, Genitiv, Dativ, Akkusativ oder Ablativ) und ihre Endungen müssen diesem Fall entsprechen. Zusätzlich ist der Numerus, also ob es sich um Ein- oder Mehrzahl handelt, zu berücksichtigen. Diese Anpassung bezeichnet man als „Deklinieren".

In der Pharmazie werden besonders der *Nominativ* und der *Genitiv*, seltener der Akkusativ und der Ablativ gebraucht (diese werden meist durch Präpositionen wie cum, ex oder per erzwungen).

Genus, Numerus und Kasus der lateinischen Substantive folgen verschiedenen Hauptgruppen, den sog. Deklinationen. Diese werden nach ihrem sog. *Stammauslaut* oder auch Kennlaut

[5] Eigentlich weist das Lateinische zusätzlich noch den Vokativ, den Fall der Anrede, auf, der im pharmazeutischen Bereich normalerweise nicht verwendet wird.

[6] Auch: Wovon? Woher? Wo? Wann?

bezeichnet. Den Kennlaut kann man am zuverlässigsten finden, wenn man von der Genitiv-(Plural-)Endung des jeweiligen Wortes die Wortendung abtrennt. Die Nominativ-Endungen hierzu heranzuziehen führt in vielen Fällen nicht zum Erfolg[7]!

7.2.3.1 Die a Deklination (erste Deklination)

Genus: Femininum

Femininum der a-Deklination

Kasus	Singular	Beispiel	Plural	Beispiel
Nominativ	-a	pillul-a	-ae	pillul-ae
Genitiv	-ae	pillul-ae	-arum	pillul-arum
Dativ	-ae	pillul-ae	-is	pillul-is
Akkusativ	-am	pillul-am	-as	pillul-as
Ablativ	-a	pillul-a	-is	pillul-is

Beispiele: ampulla, apotheca, aqua, belladonna, glandula, herba, lana, pasta, resina, tinctura

Ausnahmen:

- Alle Flüsse der a- Deklination sind Masculina
- Latinisierte griechische Fremdwörter, die auf -ia enden werden auch nach der a-Deklination gebildet, folgen aber in der Betonung dem Griechischen. (Bsp.: Pharmacia)
- Latinisierte griechische Fremdworte, die auf -es oder -as enden und der a Deklination folgen sind Masculina, solche, die auf -e enden sind femininum, folgen aber einer abgewandelten Deklination, die als Spezialfall hier nicht weiter behandelt werden soll.

7 Aus diesem Grunde sind zu den lateinischen Begriffen des Nominativs auch deren Genitiv-Endungen zu lernen!

7.2.3.2 Die o Deklination (zweite Deklination)

Genus: Maskulinum („-us“), selten Femininum („-us“), Neutrum („-um“)
(Merke: alle Bäume, Orte, Länder, Inseln und Bestandteile des Bodens auf „-us“ sind weiblich!)

Maskulinum (Femininum) der o-Deklination

Kasus	Singular	Beispiel	Plural	Beispiel
Nominativ	-us	sirup-us	-i	sirup-i
Genitiv	-i	sirup-i	-orum	sirup-orum
Dativ	-o	sirup-o	-is	sirup-is
Akkusativ	-um	sirup-um	-os	sirup-os
Ablativ	-o	sirup-o	-is	sirup-is

Beispiele: bulbus, medicus, sirupus, succus
Ausnahmen: bolus [f], virus [n], vir [m] (s.u.)

Neutrum der o-Deklination

Kasus	Singular	Beispiel	Plural	Beispiel
Nominativ	-um	foli-um	-a	foli-a
Genitiv	-i	foli-i	-orum	foli-orum
Dativ	-o	foli-o	-is	foli-is
Akkusativ	-um	foli-um	-a	foli-a
Ablativ	-o	foli-o	-is	foli-is

Beispiele: acetum, balneum, balsamum, decoctum, infusum, folium, lignum, oleum, unguentum, suppositorium, vinum

Daneben gibt es noch einige Worte, die auf -er enden. Sie sind immer Masculina. Hierbei muß man zwischen solchen unterscheiden, die in der Deklination das e beibehalten und solchen, die das e bei der Deklination eliminieren.
Das Wort vir (dt.: der Mann) dekliniert ebenfalls nach der o-Deklination und ist dem Geschlecht nach -natürlich- männlich.

7.2.3.3 Die konsonantische und i Deklination (dritte Deklination)

Genus: alle drei Geschlechter

Der Nominativ Singular hat unterschiedliche Endungen in jedem Geschlecht. Zusätzlich existieren in der konsonantischen Deklination noch zahlreiche Ausnahmen.

Die i Deklination unterscheidet sich nur marginal von der konsonantischen (so ist z.B. die Akk. Sing. Endung -im oder -em, die Abl. Sing. Endung -e oder -i) und wird daher nicht gesondert besprochen.

Gerade bei der dritten Deklination kann häufig nicht von der Nominativform auf den Stammauslaut und die Formen der übrigen Fälle geschlossen werden (Bsp.: honor, honoris, die Ehre; aber: vox, vocis, die Stimme; regio, regionis, die Region; radix, radicis, die Wurzel).

Maskulinum der konsonantischen Deklination

Kasus	Singular	Beispiel	Plural	Beispiel
Nominativ	-er, -or, -os, -es	flos	-es	flor-es
Genitiv	-is	flor-is	-um	flor-um
Dativ	-i	flor-i	-ibus	flor-ibus
Akkusativ	-em	flor-em	-es	flor-es
Ablativ	-e	flor-e	-ibus	flor-ibus

Beispiele: aether, flos, liquor, dolor; aber auch: alcohol, adeps, carbo, cortex, ren

Auch: tuber [n]

Femininum der konsonantischen Deklination

Kasus	Singular	Beispiel	Plural	Beispiel
Nominativ	-as, -es, -is, -o, -x, -s	radix	-es	radic-es
Genitiv	-is	radic-is	-um	radic-um
Dativ	-i	radic-i	-ibus	radic-ibus
Akkusativ	-em	radic-em	-es	radic-es
Ablativ	-e	radic-e	-ibus	radic-ibus

Beispiel: dosis, emulsio, hirudo, lotio, radix aber auch: elixier

Neutrum der konsonantischen Deklination

Kasus	Singular	Beispiel	Plural	Beispiel
Nominativ	-c, -e, -l, -t, -men, -ma, -ur, -us	semen	-a	semin-a
Genitiv	-is	semin-is	-um	semin-um
Dativ	-i	semin-i	-ibus	semin-ibus
Akkusativ	-c, -e, -l, -t, -men, -ma, -ur, -us	semen	-a	semin-a
Ablativ	-e	semin-e	-ibus	semin-ibus

Beispiel: rhizoma, semen

Bisweilen wird der Buchstabe „i“ im Gen. plur.(fem., neutr.) oder Nom., Akk., Abl. plur. (nur neutr.) eingefügt (bzw. im Abl. sing. ersetzt, nur neutr.), wenn sich dadurch die Aussprache erleichtert.

7.2.3.4 Die u Deklination (vierte Deklination)

Genus: Maskulinum („-us“) oder Neutrum („-u“)

Maskulinum der u-Deklination

Kasus	Singular	Beispiel	Plural	Beispiel
Nominativ	-us	fruct-us	-us	fruct-us
Genitiv	-us	fruct-us	-uum	fruct-uum
Dativ	-ui	fruct-ui	-ibus	fruct-ibus
Akkusativ	-um	fruct-um	-us	fruct-us
Ablativ	-u	fruct-u	-ibus	fruct-ibus

Beispiele: fructus, spiritus, usus

Neutrum der u-Deklination

Kasus	Singular	Beispiel	Plural	Beispiel
Nominativ	-u	corn-u	-ua	corn-ua
Genitiv	-us	corn-us	-uum	corn-uum
Dativ	-u (-ui)	corn-u (-ui)	-ibus	corn-ibus
Akkusativ	-u	corn-u	-ua	corn-ua
Ablativ	-u	corn-u	-ibus	corn-ibus

7.2.3.5 Die e Deklination (fünfte Deklination)

Genus: Femininum

Femininum der e-Deklination

Kasus	Singular	Beispiel	Plural	Beispiel
Nominativ	-es	di-es	-es	di-es
Genitiv	-ei	di-ei	-erum	di-erum
Dativ	-ei	di-ei	-ebus	di-ebus
Akkusativ	-em	di-em	-es	di-es
Ablativ	-e	di-e	-ebus	di-ebus

Beispiele:
species, speciei (Singular!) = Art
species, specierum (Plural!) = Teemischung

7.3 Adjektive

Die Adjektive dienen zur näheren Beschreibung eines Substantivs (z.B das *große* Haus, der *kranke* Mensch) und richten sich im Deutschen wie im Lateinischen in ihrem Genus (ein nettes Kind, ein netter Mann, eine nette Frau), Numerus (das kleine Kind, die kleinen Kinder) und Kasus (das große Schiff, des großen Schiffes, dem großen Schiff ...) nach dem betreffenden Substantiv.
Im Lateinischen treffen wir Adjektive an, die für jeden Genus gesonderte Ausgänge haben, solche, bei denen eine gemeinsame Endung für das Maskulinum und Femininum auftritt, wobei das Neutrum eine gesonderte Endung aufweist und solche, bei denen alle drei Geschlechter den gleichen Ausgang zeigen.
Dies soll an einigen Beispielen erläutert werden, von denen der Nominativ angegeben ist:

	m	f	n	Bedeutung
Dreiendige Adjektive	amar-us	amar-a	amar-um	bitter
Zweiendige Adjektive	vulgar-is	vulgar-is	vulgar-e	gewöhnlich
Einendige Adjektive	simplex	simplex	simplex	einfach

Unabhängig davon, ob es sich um ein-, zwei- oder dreiendige Adjektive bezüglich des *Genus* handelt ändern sich deren Endungen jedoch in Abhängigkeit von Kasus und Numerus. Sie werden also genauso wie Substantive dekliniert.

Dreiendige Adjektive der a-/o- Deklination
Bsp.: concisus, -a, -um; geschnitten

	Singular			Plural		
	m	f	n	m	f	n
Nominativ	concis **us**	concis **a**	concis **um**	concis **i**	concis **ae**	concis **a**
Genitiv	concis **i**	concis **ae**	concis **i**	concis **orum**	concis **arum**	concis **orum**
Dativ	concis **o**	concis **ae**	concis **o**	concis **is**	concis **is**	concis **is**
Akk.	concis **um**	concis **am**	concis **um**	concis **os**	concis **as**	concis **a**
Ablativ	concis **o**	concic **a**	concis **o**	concis **is**	concis **is**	concis **is**

Dreiendige[8] Adjektive der i-Deklination (acer, acr**is**, acre; scharf) sowie
Zweiendige Adjektive der i-Deklination (lev**is**, lev**is**, leve; leicht)

	Singular			Plural		
	m	f	n	m	f	n
Nominativ	acer	acr **is**	acr **e**	acr **es**	acr **es**	acr **ia**
Genitiv	acr **is**	acr **is**	acr **is**	acr **ium**	acr **ium**	acr **ium**
Dativ	acr **i**	acr **i**	acr **i**	acr **ibus**	acr **ibus**	acr **ibus**
Akk.	acr **em**	acr **em**	acr **e**	acr **is /es***	acr **is /es***	acr **ia**
Ablativ	acr **i**	acr **i**	acr **i**	acr **ibus**	acr **ibus**	acr **ibus**

* Zur Zeit des Augustus (etwa um Christi Geburt) wurde die Endung is in es geändert

Einendige Adjektive der i-Deklination / Partizip-Präsens-Formen (robor**ans**; stärkend, rec**ens**; frisch)

	Singular	Plural
Nominativ	roboran **s**	roborant **es***
Genitiv	roborant **is**	roborant **ium**
Dativ	roborant **i**	roborant **ibus**
Akk.	roborant **em****	roborant **is /es***
Ablativ	roborant **e**	roborant **ibus**

* Ausnahme: im Nominativ und Akkusativ Plural des Neutrums: -ia

** Ausnahme bei den Neutra: Akkusativ Singular wie im Nominativ

[8] diese unterscheicen sich nur durch im Nominativ Singular des Maskulinums von den zweiendigen Adjektiven

7.4 Verben

Die Verben beschreiben Tätigkeiten, Vorgänge oder Zustände (spielen, lachen, wachsen, untergehen, stehen, wohnen) weswegen sie im Deutschen auch Tätigkeitsworte genannt werden. Diese Tätigkeiten etc. können von unterschiedlichen Personen (z.B er fährt, wir fahren) oder Dingen (z.B. das Bild hängt) zu unterschiedlichen Zeiten (z.B. ich fahre, ich fuhr, ich werde fahren...) ausgeführt werden. Um dies zum Ausdruck zu bringen, werden die Endungen der Verben verändert (konjugiert), d.h. die Infinitiv[9]-Endungen werden durch die Geschlecht und Zeit betreffenden Endungen ersetzt.
Auf eine Beschreibung der Konjugation wird an dieser Stelle verzichtet, da die Verben im pharmazeutischen Bereich nur auf Rezepten erscheinen und dort als Imperativ (Befehlsform) oder im Passiv meist in stark abgekürzter Schreibweise auftauchen. Viel öfter wird die Partizip-Form der Verben in der Aktiv- oder Passivform bei der Bezeichnung von Zubereitungen, Drogen oder Chemikalien anzutreffen sein.

Verben im Infinitiv

Lateinisch	**Deutsch**
addere	hinzufügen
adhaerere	an etw. festkleben
adstringere	zusammenziehen
cavere	sich hüten
cognoscere	kennenlernen, erkennen
concentrare	konzentrieren
condensare	verdichten
conservare	bewahren
dare	geben
diluere	verdünnen
dividere	teilen
errare	irren
facere	tun, machen
filtrare	trennen
fumare	rauchen
miscere	mischen
parare	bereiten
ponere / componere	stellen, setzen, legen / zusammenstellen
praecipitare	kopfüber hinabstürzen, fein verteilen
purificare, depurare, raffinare, purgare	reinigen
recipere	nehmen

9 infinit = unfertig, unvollständig

repetare, reiterare	wiederholen
siccare	trocknen
signare	beschriften
signare	beschriften
solvere	lösen
sorbere	etw. zu sich nehmen, verschlingen, verzehren
spissare	verdichten
sterilisare	sterilisieren
titrare	einstellen, titrieren
tostare	rösten
trahere	ziehen
subtrahere	abziehen
usare	benutzen
ustare	brennen
vertare	wenden

Weitere Infinitiva von Verben finden sich auch im Kapitel „Pharmazeutisch-Technologische Nomenklatur"

Beispiele für Imperativformen:

misce	mische!
da	gib!
solve	löse!

Beispiele für Passiva:

dentur	es sollen (solche Dosen) gegeben werden

Weitere Beispiele für imperativ gebrauchte Verben bzw. die Verwendung von Passivformen finden sich u.a. im Kapitel „Lateinische Abkürzungen auf Rezepten".

Beispiele für Partizipformen:

solvens	lösend
solutus	gelöst

Weitere Beispiele finden sich im Kapitel „Lateinische Adjektive zum Bilden von Drogen-, Chemikalien- und Zubereitungsbezeichnungen"

7.5 Adverbien

Adverbien (Umstandsworte) bezeichnen die Umstände und geben damit beispielsweise nähere Auskunft über den Ort, die Zeit, die Art und Weise (z.B abends, kürzlich, oft, heiß). In der Pharmazie werden hingegen sehr oft die Zahladverbien (z.B. einfach) gebraucht. Vergleiche hierzu auch das Kapitel „Zahlworte".

7.6 Zusammengesetzte Worte im Lateinischen

Im Deutschen werden oftmals zwei Substantive zu einem zusammengefügt. So wird aus *Baldrian* und *Wurzel* das neue Hauptwort *Baldrianwurzel* zusammengesetzt.
Im Lateinischen ist eine solche Praxis unüblich. Hier werden beide Substantive grammatikalisch richtig nebeneinandergestellt, wobei zwei Varianten möglich sind.
In der germanischen Nomenklatur (altes Latein) steht das erste Wort im Nominativ, das zweite im Genitiv: die *Wurzel des Baldrians*, Radix valerianae.
Bei der romanischen Nomenklatur (neues Latein) ist die Anordnung beider Worte gerade vertauscht: Valerianae radix. Hier steht das erste Substantiv im Genitiv, das zweite im Nominativ.

Hinweis zur Benennung von Drogen in den alten und neuen (ab DAB9) Arzneibüchern:
Auch wenn altes und neues Latein durch einfaches Umstellen der Worte formal direkt ineinander überführbar sind, so ist doch der *Numerus des verwendeten Pflanzenteils* bisweilen unterschiedlich. Folgende Übersicht soll dies verdeutlichen.

Gegenüberstellung von Drogenbezeichnungen nach altem und neuem Latein

altes Latein	**Beispiel**	**neues Latein**	**Beispiel**	**Deutsch**
Cortex	Cortex frangulae	Cortex	Frangulae cortex	Faulbaumrinde
Radix	Radix Althaeae	Radix	Althaeae radix	Eibischwurzel
Flores	Flores Tiliae	**Flos**	Tiliae flos	Lindenblüten
Folia	Folia uvae ursi	**Folium**	Uvae ursi folium	Bärentrauben-blätter
Herba	Herba thymi	Herba	Thymi herba	Thymian(kraut)
Fructus	Fructus anisi	Fructus	Anisi fructus	Anis(früchte)
Semen	Semen lini	Semen	Lini semen	Leinsamen

Der Übergang von den Plural- auf die Singularformen wie z.B. bei Flores und Folia ist typisch für die deutschen Arzneibücher; die Bezeichnung beispielsweise nach ÖAB weicht zuweilen von hiervon ab.

7.7 Stellung der Adjektive bei zwei Substantiven

Die Stellung und die Endung (Genus, Numerus und Kasus) eines Adjektives wird von demjenigen Substantiv gesteuert, auf das sich das Adjektiv bezieht:

Folia *menthae crispae*	(altes Latein)
***Menthae crispae* folium**	(neues Latein)

Die Blätter der *krausen Minze* (Nicht die krausen Blätter der Minze sondern die Blätter der Krauseminze sind gemeint).

aber:

Radix* Althaeae *concisa	(altes Latein)
Althaeae *radix concisa*	(neues Latein)

Die *geschnittene* Eibisch*wurzel* (Hier ist die Wurzel geschnitten, und nicht etwa ein geschnitten wachsender Eibisch gemeint, dessen Wurzel verwendet wird).

7.8 Präpositionen

Präpositionen (Verhältnisworte) stehen als eigenes Wort - nicht als Präfix - vor (prä-ponere = voran stellen) einem Substantiv. Sie werden selbst nicht dekliniert, dirigieren jedoch den Kasus des nachfolgenden Substantivs.

Den **Akkusativ** dirigieren:

lat.	**dt.**	**Beispiel**
ad	zu, an, bei	aqua ad injectabilia = Wasser für Injektionszwecke (wörtl.: W. zu Injektionen)
ana[10]	jeweils	ana partes aequales = zu gleichen Teilen
ante	vor	ante cenam = vor dem Essen
contra	gegen	unguentum contra vulneram = Salbe gegen Wunden
extra	außerhalb	* (vgl. extracorporal = außerhalb des Körpers)
infra	innerhalb, unterhalb	* (vgl. infrarot)
inter	zwischen	inter costas = zwischen den Rippen (vgl. auch Intercostalraum)
intra	innerhalb	intra partum = während der Geburt
iuxta	neben	* (vgl. auch juxtapylorisch = pylorusnah)
ob	gegen	* (vgl. Obstipation)

[10] entstammt strenggenommen dem Griechischen, ist jedoch in die Terminologie integriert worden und regiert den Akkusativ.

per	durch, über	per pedes = zu Fuß
post	nach, hinter	post partum = nach der Geburt
supra	oberhalb	* (vgl. supraspinal)
trans	jenseits	*
ultra	jenseits (noch weiter)	* (vgl. ultraviolett)

*: kein konkretes Beispiel, da pharmazeutisch als reine Präposition sehr selten verwendet

Den **Ablativ** dirigieren:

lat.	**dt.**	**Beispiel**
a, ab[11]	von	a priori = von vornherein
coram	in Gegenwart von	coram publico = in der Öffentlichkeit
cum	mit	cum calycibus = mit Blütenkelchen
de	herab von, weg von	*
e, ex	aus	Lecithin ex ovo = Lecithin aus dem Ei
prae	vor	*
pro	für	pro die = für den Tag
sine	ohne	sine vitro = ohne Gefäß/Glas

Den **Akkusativ** oder **Ablativ** dirigieren:

lat.	**dt.**	**Beispiel**
sub mit Akk. („Wohin?“)	unter	sub cutem = unter die Haut
sub mit Abl. („Wo?“)	unter	sub lingua = unter der Zunge
in mit Akk. („Wohin?“)	in	in scatulam = in eine Schachtel (hinein)
in mit Abl. („Wo?“)	in	in lacrimis = in Tränen- bzw. Tropfenform
super mit Akk. („Wohin?“)	über	*
super mit Abl. („Wo“)	oberhalb	*

*: kein konkretes Beispiel, da pharmazeutisch als reine Präposition sehr selten verwendet

7.9 Konjunktionen

Sie sind als Bindeworte zur logischen Verknüpfung von Satzgliedern gedacht.

lateinisch	**deutsch**	**Beispiel**
et	und	-
ut	daß, damit	misce ut fiat ... = mische, daß daraus ... entstehe
aut, seu, sive, vel	oder	aut simile = oder ähnliches sive alias = oder etwas anderes

[11] Vor Vokalen und dem „h“ wie statt des „a“ das „ab“ verwendet

8 ZAHLWORTE

Unter den Zahlworten gibt es die Grundzahlen (Cardinalia) „eins, zwei, drei ...“, die Ordnungszahlen „erster, zweiter ...“ und die Zahladverbien „einfach, zweifach ...“. Die Zahlworte im pharmazeutischen Bereich sind lateinischen oder griechischen Ursprungs.

8.1 Lateinische Zahlworte

Aufgeführt sind hier lediglich die gebräuchlichen Zahlworte.

arabisch	römisch	Grundzahl	Ordnungszahl	Zahladverb
1	I	unus	primus	simplex
2	II	duo	secundus	duplex
3	III	tres	tertius	triplex
4	IV	quattuor	quartus	
5	V	quinque	quintus	
6	VI	sex		
7	VII	septem		
8	VIII	octo		
9	IX	novem		
10	X	decem		
18	XVIII	duodeviginti		
19	XIX	undeviginti		
20	XX	viginti		
28	XXVIII	duodetriginta		
29	XXIX	undetriginta		
30	XXX	triginta		
40	XL	quadraginta		
50	L	quinquaginta		
100	C	centum		
500	D	quingenti		
1000	M	mille		
$10 \cdot 1000$	$\overline{X}$			
$100 \cdot 1000$	$\overline{C}$			
$1000 \cdot 1000$	$\lvert\overline{X}\rvert$	decies centena milia		

Einige Beispiele: XX, L oder C können auf Rezepten vorkommen und bedeuten 20, 50 oder 100 Stück einer Arzneiform.

8.2 Regeln für das Bilden römischer Zahlzeichen

- Das Zeichen für die *größere Zahl* steht üblicherweise *links* vom Zeichen der kleineren Zahl
- Die Zahlzeichen sind zu *addieren.*
- Steht das Zeichen einer kleineren Zahl *links*, so ist die entsprechende Zahl zu *subtrahieren* statt zu addieren
- Es werden nie mehr als drei gleiche Zahlen addiert
- Es werden möglichst kleine Zahlen subtrahiert
- Es ist *nicht* erlaubt, *mehrere Grundzeichen* oder *ein Hilfszeichen* voranzustellen

  Grundzeichen: I, X, C, M

  Hilfszeichen: V, L, D („die Halben")

Einige Beispiele:

42	XLII
48	XLVIII
157	CLVII
1968	MCMLXVIII
1986	MCMLXXXVI
1998	MXMVIII
1999	MIM

Einige Beispiele für **falsche** römische Zahlen mit Begründung

arabisch	falsch	Begründung	richtig
8	IIX	es dürfen nicht mehrere Grundzeichen vorangestellt werden	VIII
9	VIIII	Es werden nie mehr als drei gleiche Zahlen addiert	IX
95	VC	Es ist nicht erlaubt, ein Hilfszeichen voranzustellen[12]	XCV
25	XXVX	Es ist nicht erlaubt, ein Hilfszeichen voranzustellen[13]	XXV
954	LMIV	Es ist nicht erlaubt, ein Hilfszeichen voranzustellen	CMLIV
1998	MCMXCVIII	Es sollen möglichst kleine Zahlen subtrahiert werden[14]	MXMVIII

12 hier vielleicht noch nicht unbedingt einsichtig

13 hier wird der Sinn offensichtlich

14 der Fehler äußert sich schon alleine dadurch, daß die gleiche Zahl (hier das C) einmal links und einmal rechts einer größeren Zahl (dem M) steht. Dies würde die Addition und gleichzeitige Subtraktion bedeuten und daher sinnlos sein.

8.3 Griechische Zahlworte

Auch hier sind nur die geläufigen Vertreter aufgelistet.

arabisch	griechisch	latinisiert zu	Ordnungszahl	Zahladverb	Beispiel
1	heï s	(mono-)	protos	haplo-	Proton, haploid, Simplex-Verfahren, Monopol
2	dyo	di-	deuteros	diplo-	Deuterium, diploid, Dikotyledon
3	treï s	tri-	tritos	triplo-	Triacetin, Triathlon
4	tettares	tetra-			tertiäres Amin, Tritium, Tetraeder, quartärer Stickstoff, Tetracyclin
5	pente	penta-			Pentose
6	hexe	hexa-			Hexan
7	hepta	hepta-			Hepten
8	okto	octa-			Oktaeder, Oktave
9	ennea	nona-			Nonapeptid
10	deka	deca-			Decade
1000	chilioi	kilo-			Kilogramm

8.4 Präfixe zur Bezeichnung von Teilen oder Vielfachen einer Einheit

Name	Abkürzung	Zehnerpotenz	Herkunft
Pico-	p	10^{-12}	piccolo (ital.) = gering
Nano-	n	10^{-9}	nannos (gr.) = Zwerg
Mikro-	µ	10^{-6}	mikros (gr.) = klein
Milli-	m	10^{-3}	millesimus (lat.) = Tausendster
Centi-	c	10^{-2}	centesimus (lat.) = Hundertster
Deci-	d	10^{-1}	decimus (lat.) = Zehnter
Deka-	D, da	10^{1}	deka (gr.) = zehn
Hekto-	h	10^{2}	hekaton (gr.) = hundert
Kilo-	k	10^{3}	chilioi (gr.) = tausend
Mega-	M	10^{6}	megas (gr.) = groß
Giga-	G	10^{9}	gigas (gr.) = Riese
Tera-	T	10^{12}	teras (gr.) = Ungeheuer

9 GRIECHISCHE UND LATEINISCHE PRÄ- UND SUFFIXE

Im Gegensatz zu den später noch zu behandelnden Präpositionen sind Prä- und Suffixe keine einzelstehenden Worte sondern vielmehr Wortbestandteile in Form von Vor- bzw. Nachsilben und dienen dazu, diese Begriffe näher zu spezifizieren oder sie zu modifizieren.

9.1 Präfixe

Präfix	Herkunft	Bedeutung	Beispiel
a-, an-	gr	Verneinung, ohne, Mangel an	Anämie = Blutarmut (Erythrozytenmangel)
a(b)-, abs-	lat	weg von	Absorption = z.B. physikalisches Aufsaugen von Gasen oder Flüssigkeiten bzw. Verschlucken von Strahlung
ad-	lat	an, heran, zu, nahe bei	Adsorbens = Stoff, der andere Stoffe (oberflächlich) anzulagern vermag
alter-	lat.	anders, (ab)wechselnd	alternativ, alternierend
amphi-, ampho-	gr	beiderseits, beides zugleich	amphoter = sowohl sauer als auch basisch reagierend
an(a)-	gr	1. auf, hinauf 2. auseinander	Analyse = Zergliederung in die Bestandteile
ant(i)-	lat	gegen	Antirheumatikum: Mittel gegen Rheuma
apo-	gr	getrennt von, weg	apokarp = (Bot.) nicht miteinander verbundene Fruchtblätter tragend
bi(s)-	lat	zweifach, doppelt	bilateral = zweiseitig
chron-	gr	allg.: zeitlicher Ablauf	synchron, chronisch, Chronopharmakologie
con-	lat	zusammen mit	concentratus = konzentriert; in der Mitte zusammengeballt
contra-	lat	gegen, entgegen	Contra(con)ceptiva = Mittel gegen Empfängnis
de-	lat	1. ab, herab	Dehydratation =

		2. ent- , von	Austrocknen; Entwässern
di(plo)-	gr	zweifach	diözisch = (Bot.) zweihäusig
dich-	gr	zweierlei	dichotom = gabelig
di(a)-	gr	1. hindurch, zwischen 2. auseinander	Diarrhoe = Durchfall Diastole („Auseinanderziehen“)
di(s)-	lat	auseinander	Dispergieren = Verteilen („Auseinanderteilen“)
dys-	gr	Störung	Dyskinese = motorische Störung
ek-, ex-	gr / lat	heraus	Exsikkator („Austrockner“)
en-, em-	gr	hinein, in	Enurese = Bettnässen („sich einharnen“)
endo-	gr	innerhalb	endogen = im Körper entstehend
ep(i)-	gr	darauf, auf	Epidermis = Oberhaut
eu-	gr	gut, wohl beschaffen	Eucerin® („gutes Wachs“)
hemi-	gr	halb	Hemisphäre = Halbkugel
hyper-	gr	über, Überfunktion	Hyperämisierung = Überdurchblutung
hyp(o)-	gr	unter, Unterfunktion	Hypoglykämie = Unterzucker
ichthy-	gr	Fisch	Ichthyosis = fischschuppenartig veränderte Haut
in-	lat	1. in, hinein 2. Verneinung, ohne	Infiltration = Eindringen z.B. in Gewebe
infra-	lat	unterhalb	Infrarot = unterhalb der Wellenlänge des roten Lichtes
inter-	lat	zwischen	Interstitium = Zwischenraum zwischen Organen oder Geweben
kat(a)-	gr	1. herunter, abwärts 2. selten: über, darüber	Katabolismus = Abbauprozesse beim Stoffwechsel
met(a)-	gr	1. zwischen, nach 2. Umwandlung, Veränderung	Metamorphose = Verwandlung
ob-	lat	gegenüber, gegen	Obstipation = Verstopfung („gegen etwas stopfen“)
par(a)-	gr	1. neben, bei 2. Abweichung	parazellulär = neben den Zellen her
per-	lat	1. hindurch, durch (räumlich	peroral = durch den Mund

		und zeitlich)	
	gr	2. ganz	
peri-	gr	drumherum	Periost = Knochenhaut; um den Knochen herum
post-	lat	hinter, zeitl. danach	postnatal = nach der Geburt
prae-	lat	vor (zeitl.)	praenatal = vor der Geburt
pro-	lat / gr	vor, für	Prognose = Vorhersage
re-	lat	zurück, wieder	reversibel = umkehrbar, wieder in den Urzustand zurückführbar
se-	lat	heraus, von	Sekretion = Absonderung, Ausscheidung
sub-	lat	unterhalb	subkutan = unter die Haut
super-	lat	oberhalb, über	Superinfektion = weitere Infektion
supra-	lat	oberhalb	suprarenal = oberhalb der Niere / die Nebenniere (glandula suprarenalis) betreffend
syn-	gr	zusammen mit	Synthese = Zusammensetzen, Zusammenfügen
trans-	lat	1. hindurch, hinüber 2. jenseits von	Blut-Transfusion = Blutübertragung
ultra-	lat	jenseits	ultraviolett = jenseits der Wellenlänge des violetten Lichtes

9.2 Suffixe

Suffix	Herkunft	Bedeutung	Beispiel
-aceus, -a, -um	lat	Ähnlichkeit (meist bzgl.	Rosaceae = Rosengewächse
-(a)eus ,-a ,-um	lat / gr	Farbe, Stoffbeschaffenheit)	
-alis, -e	lat	Zugehörigkeit	animalis = tierisch
-aris, -e	lat		vulgaris = gewöhnlich
-ase	lat	oftmals Endung für Enzyme	Peroxidase = Wasserstoffperoxid umsetzendes Enzym
-atus, -a, -um	lat	Ergebnis eines Vorgangs	depuratus = gereinigt
-escens	lat	Beginn eines Vorgangs bzw. dessen Ergebnis	adolescens = das Heranwachsen
-fer	lat	tragend, bringend	Papaver somniferum = Schlafmohn („schlafbringend")
-gen	gr	1. aktiv: erzeugend, verursachend, bildend 2. passiv: erzeugt, verursacht, entstanden aus	thrombogen = Thromben bildend
-go	lat	1. Ähnlichkeit, Zugehörigkeit 2. Krankheitszustand	Mucilago = Schleim(-ähnlich) Vertigo = Schwindel
-iasis	gr	Krankheitszustand, Krankheitsprozeß	Cholelithiasis = Gallensteinleiden
-icus, -a, -um	lat / gr	Zugehörigkeit	ophthalmicus = zum Auge gehörend
-(o)ideus, -a, -um	lat / gr	Ähnlichkeit	lipoid = fettähnlich
-inus, -a, -um	lat / gr	Stoffbeschaffenheit / Ähnlichkeit	hyalinus = knorpelig („glasartig")
-(t)io	lat	(abgeschlossener) Vorgang	Contusio = Quetschung
-itis	gr	Entzündung	Tonsillitis = Mandelentzündung
-ivus, -a, -um	lat	Funktion, Fähigkeit	sedativus = beruhigend
-kin	gr	bewegen, anstoßen	kinetische Energie
-ns	lat	Funktion, Fähigkeit	emulsificans = emulsionsbildend
-om(a)	gr	Geschwulst	Teratom = angeborene Gewebsgeschwulst
-or	lat	(Krankheits-)Zustand	Tremor = Muskelzittern
-osis	gr	1. (biolog.) Vorgang bzw. dessen Resultat	Parodontose = Zahnfleischschwund

		2. pathologischer Zustand	
-osus, -a, -um	lat	reich an	varicosus = reich an Krampfadern
-phil	gr	zu etwas neigend, liebend	lipophil = fettliebend
-phob	gr	etwas abwehrend, ablehnend	hydrophob = wasserabweisend
-phor	gr	tragend	chromophor („farbtragend")
-(i)tas	lat	Zustand	Graviditas = Schwangerschaft
-tor	lat	Tätigkeit, Funktion	Emulgator („Emulsionsbildner")
-trop	gr	gegen etwas gerichtet, einwirkend auf, ändernd	dromotrop = die Erregungsleitung („den Lauf") des Herzens beeinflussend
-ura	lat	Vorgang bzw. dessen Ergebnis	Fraktur = Knochenbruch
-zid	lat	vernichtend	Suizid = Selbsttötung
-cul us/-a/-um	lat	entspr. Verkleinerungsformen	
-ell us/-a/-um	lat		
-ill us/-a/-um	lat		
-ett e/a	frz / ital		
-ol us/-a/-um	lat		
-ul us/-a/-um	lat		

10 GRIECHISCHE WORTSTÄMME UND ADJEKTIVE

Die griechische Wortstämme und Adjektive werden meist in der medizinischen Terminologie als Bestandteile zusammengesetzter Worte verwendet. Damit sind sie von großer Wichtigkeit für das Erklären von von Krankheiten oder Krankheitsbildern und ihre Kenntnis erleichtert dem Apotheker sowohl das Gespräch mit dem Arzt als auch das Kundengespräch.

10.1 Griechische Wortstämme

Gr. Wortstamm	Dt. Bedeutung	Beispiel
Adeno-	Drüse	Adenom = Drüsengeschwulst
-aemie	Blut	Anämie = Blutarmut
Aero-	Luft	Aerophagie = Verschlucken von Luft
-aesthesie	Empfindung	Anästhesie = Schmerzlosigkeit
Alg(o)-, -algesie	Schmerz	Analgetikum = Schmerzmittel
Andro-	Mann, männlich	Androgene = männl. Geschlechtshormone
Angi(o)-	(Blut-)Gefäß	Angiographie = Aufnahme der Blutgefäße
Anth(o)-	Blüte, Blume	Anthozyane = (blaue) Pflanzenfarbstoffe
Arthr(o)-	Gelenk	Arthritis = Gelenkentzündung
Bio-	Leben	Biologie (Lehre vom Leben)
Bronch(i/o)-	Hauptluftröhrenäste	Bronchitis = Entzündung der Luftröhrenäste
Chol-	Galle	Cholagoga = galletreibende Mittel
Chrom(ato)-	Farbe	Chromatographie = analytisches Verfahren zur Substanztrennung (früher nur zur Trennung farbiger Substanzen)
Derm(ato)-	Haut	Dermatologe = Hautarzt
Emet-, -emesis	Erbrechen	Emetikum = Brechmittel
Enter(o)-	Darm	Enteritis = (Dünn)darmentzündung
Encephal(o)-	Gehirn	Enzephalitis = Hirnentzündung
-erg(ie)	Wirkung	Synergie = Zusammenwirken
Gam(eto)-	Heirat, Fortpflanzung	Gameten = reife, zur geschlechtlichen Befruchtung fähige Keimzellen (z.B. Eizelle bzw. Spermium)
Gastr(o)-	Magen	Gastrointestinaltrakt = Magen-Darm-Trakt

Gen(o)-	Erb-	Genetik = Vererbungslehre
-genese	Entstehung	Pathogenese = Krankheitsentstehung
Ger(onto)-	Greis	Geriatrie = Alters(heil)kunde
Gon(o)-	Zeugung, Samen	Gonaden = Geschlechtsdrüsen
Gyn(aeko)-	Frau	Gynäkologie = Frauenheilkunde
Haem(at)o-	Blut	Hämatom = Bluterguß
Hepar-, Hepat(o)-	Leber	Hepatitis = Leberentzündung
Hist(o)-	Gewebe	Histologie = Gewebslehre
Hydr(o)-	Wasser	hydrophil = wasserliebend
Iatro- ,-iater	Arzt	Psychiater
-iatrie	Heilkunde	Paediatrie= Kinderheilkunde
Kard(io)-	Herz	Elektrokardiogramm (EKG)
-kine(sie)	Bewegung	Akines(i)e = Bewegungsarmut
Koll-	Leim	Kollenchym = Festigungsgewebe bei Pflanzen
Laryng(o)-	Kehlkopf	Laryngitis = Kehlkopfentzündung
Lip(o)-	Fett	Lipase = fettabbauendes Enzym
Lith(o)-	Stein	Lithotrypter = Steinzertrümmerer
-logie	Lehre, Kunde	Phytologie = Lehre von den Pflanzen
Lys(o)-, -lyse	(Auf-)Lösung	Autolyse = Selbstauflösung
Mast(o)-	weibl. Brust	Mastodynie = schmerzhafte Schwellung der weibl. Brüste
Men(o)-	Monat	Menorrhoe = Regelblutung
Mer(o)-	Teil	dimer = doppelt (zweiteilig)
-meter, -metrie	Maß, Messung	Viskosimeter = Gerät zur Messung der Zähflüssigkeit
Morph(o)-, -morph	Gestalt, Form	amorph = formlos, gestaltlos
My(o)-	Muskel	Myokard = Herzmuskel
Myk(o)-	Pilz	Mykose = Pilzerkrankung
Nark-	Lähmung	Narkose = Betäubung
Nephr(o)-	Niere	Nephrolith = Nierenstein
Neur(o)-	Nerv	Neuralgie = Nervenschmerzen
Ophthalm(o)-	Auge	Ophthalmologe = Augenarzt
Ost(eo)-	Knochen	Osteomalazie = Knochenerweichung
Ot(o)-	Ohr	Otoguttae = Ohrentropfen
Path(o)-, -pathie	Leiden, Krankheit	Hepatopathie = Leberleiden
Pharmako-	Heilmittel	Pharmakon = Arzneimittel
-phyll-	Blatt	Chlorophyll (Blattgrün)
Phys(io)-	Natur, Wuchs	physiologisch = natürlich
Phyt(o)-	Pflanze	Phytopharmaka = pflanzl. Arzneimittel
Plasmo-, -plasma, -plasie	Gebildetes	Aplasie = fehlende Organausbildung

Pneumo-	Lunge	Pneumokokken = Erreger der Lungenentzündung
Psych(o)-	Seele	psychogen = seelisch bedingt
Pyr(o)-	Feuer	Pyrolyse = Analytisches Verfahren bei dem die Substanz hoher Temperatur ausgesetzt wird
Rhin(o)-	Nase	Rhinorrhagie = Nasenbluten
Spasm(o)-	Krampf	spasmogen = krampferzeugend
Sperm(ato)-	Samen	Spermatophyten = samenbildende Pflanzen
Spor(o)-	Spore	Sporophyt = sporenbildende Pflanze
-stase	Stillstand	Bakteriostatikum = Bakterienwachstum hemmendes Mittel
Stom(ato)-	Mund, Mündung	Stomatitis = Entzündung der Mundschleimhaut
Tax-	(An-, Ein-)Ordnung	Taxonomie = systematisierende Einordnung von Pflanzen bzw. Tieren
Theka-	Behälter, Lager, Speicher	Apotheke, Bibliothek, biolog.: Theken = Pollensäcke
Thyre(o)-	Schilddrüse	Hyperthyreose = Schilddrüsenüberfunktion
Ton(o)-, -tonie	Spannung	Muskeltonus = Muskelspannung
Tox(iko)-	Gift	Toxine = Giftstoffe
Troph(o)-, -trophie	Ernährung	Atrophie = Gewebeschwund
Ur(o)-, -urie	Harn	Urologe
Zyklo-	Kreis, Ring	Tetracycline = best. Antibiotikagruppe (mit Grundgerüst aus vier Ringen)
Zyst(o)-	Blase	Zyste = mit Flüssigkeit gefüllter Hohlraum (im Gewebe)
Zyto-	Zelle	Zytostatikum = Zellwachstum hemmendes Mittel (in der Krebstherapie)

10.2 Griechische Adjektive

Wortstamm	Dt. Bedeutung
amblys	stumpf, schwach
ankylos	krumm
araios	locker, dünn
aristos	besser
bathys	tief

brachys	kurz
bradys	langsam, träge
dolichos	lang
eurys	weit
glykys	süß
hygros	feucht
kenos	leer
krauros	trocken, spröde
kryos	eiskalt, gefroren
kyphos	rückwärts (gekrümmt)
leios	glatt
lordos	vorwärts (gekrümmt)
makros	groß, lang
malakos	weich
manos	dünn, durchlässig
megas, mega(lo)	groß, gewaltig
mikros	klein
neos	neu, jung
orthos	gerade, richtig
okys	rasch, schnell
oxys	sauer
pachys	dick, feist
palaios	alt (vor langer Zeit)
phaneros	leuchtend, sichtbar. Häufiger mit entspr. verneinendem Präfix auch: verborgen, versteckt, fehlend
pikros	herb, bitter
plagios	schief, schräg
platy(s)	flach
pletho	voll
presbys	alt (an Jahren)
psychros	kalt, kühl
pyknos	dicht, dick
skleros	hart
stenos	eng
tachys	schnell
thermos	warm
trachys	rauh
xeros	trocken, dürr

11 LATEINISCHE SUBSTANTIVE

Der Großteil der lateinischen Substantive läßt sich sehr gut in die Abschnitte der pharmazeutisch-technologischen, biologischen oder medizinischen Terminologie eingliedern. Einige wenige Substantive sind jedoch nur schlecht dort einzuordnen und sollen in folgender Tabelle aufgeführt werden.

Angegeben sind die Nominativ- und Genitiv Endungen des Singulars, die Deklination und das Geschlecht.

Latein	**Deutsch**	**Beispiel**
apis, -is, *kons. f*	Biene	Apis mellifica = Honigbiene
carbo, carbonis, *m kons.*	Kohle	carbo medicinalis = medizinische Kohle
colum, -i *o n*	Sieb	kolieren = abseihen
cornu, -us, *u* ***n***	Horn	secale cornutum (aufgrund des hornartigen Aussehens)
dies, -ei, *e, f (und m)*	Tag	pro die = täglich
deus, dei, *o m*	Gott	
essentia, -ae, *a f*	Essenz	
formica, -ae, *a f*	Ameise	Acidum formicum = Ameisensäure
infans, infantis, *m kons.*	Kind	pro infantibus = für Kinder
lac, lactis, *kons. n*	Milch	Lactose = Milchzucker
maltum, -i *o n*	Malz	Maltose
massa, -ae, *a f*	Masse	Massa pillulae = Pillenmasse
medicus, -i *m o*	Arzt	
mel, mellis, *kons. n*	Honig	mel depuratum = gereinigter Honig
pax, pacis, *kons. f*	Frieden	Ohropax®
pondus, ponderis, *kons. n*	Gewicht, Bedeutung	pH = pondus Hydrogenii
res, rei, *e f*	Sache	
sal, salis, *kons. n*	Salz	
silex, silicis, *m kons.*	Kieselstein	Silicium
usus, -us, *u m*	Gebrauch	
vinum, -i *o n*	Wein	Vinum Pepsini = Pepsinwein
vita, -ae, *a f*	Leben	Vitalfunktionen = lebenswichtige Funktionen, Aquavit = Abk. v. aqua vitae = „Wasser“ des Lebens

12 LATEINISCHE ADJEKTIVE ZUM BILDEN VON DROGEN-, CHEMIKALIEN- UND ZUBEREITUNGS-BEZEICHNUNGEN

Bei den meisten in den folgenden Tabellen aufgeführten Adjektiven handelt es sich um echte Adjektive (z.B absolutus oder subtilis), teilweise sind jedoch auch Partizip-Präsens-Formen (z.B. exsic*cans*), d.h. von einem Verb abgeleitete Adjektive, die im Zeitverhältnis der Gleichzeitigkeit stehen, aufgeführt.

Es sind mit Ausnahme der Partizip-Präsens-Formen immer die Nominativ-Endungen im Singular für alle drei Geschlechter angegeben auch wenn diese teils gleich lauten.

12.1 Konzentrationsangaben

Lateinisch	Deutsch
absolutus, -a, -um	höchstgradig , vollkommen
concentratus, -a, -um	konzentriert
dilutus, -a, -um	verdünnt
simplex, -x, -x	einfach
normatus, -a, -um	eingestellt, normiert
titratus, -a, -um	titriert, eingestellt

12.2 Zerkleinerungs- und Mengenangaben

Lateinisch	Deutsch
colloidalis, -is, -e	kolloidal
concisus, -a, -um	geschnitten
contusus, -a, -um	zer-/angestoßen
grossus, -a, -um	grob
magnus, -a, -um, maior, -ior, -ius, maximus, -a, -um	groß, größer, am größten
medius, -a, -um	mittel
minutus, -a, -um (aber auch: minutim)	sehr klein, winzig
multus, -a, -um	viel
mundatus, -a, -um	geschält (aber auch: gereinigt)
parvus, -a, -um, minor, -ior, -ius, minimus, -a, -um	klein, kleiner, am kleinsten
plenus, -a, -um	voll
pulveratus, -a, -um	gepulvert

raspatus, -a, -um	geraspelt
subtilis, -is, -e	fein
totus, -a, -um	ganz

12.3 Physikalische Eigenschaften

Lateinisch	**Deutsch**
adhaesivus, -a, -um	(an)haftend
calidus, -a, -um	warm
cristallinus, -a, -um	kristallin
durus, -a, -um	hart
effervescens	sprudelnd
elasticus, -a, -um	dehnbar
fervidus, -a, -um	siedend
flexibilis, -is, -e	biegsam
fluidus, -a, -um	flüssig
frigidus, -a, -um	kalt
fumans	rauchend
glacialis, -is, -e	eisig (eisähnlich)
gravis, -is, -e	schwer
humidus, -a, -um	feucht
labilis, -is, -e	schwankend
levis, -is, -e	leicht
liquidus, -a, -um	flüssig
mollis, -is, -e	weich
mucilaginosus, -a, -um	schleimartig
oleosus, -a, -um	ölig
perliquidus, -a, -um	dünnflüssig
pinguis, -is, -e	fett
ponderosus, -a, -um	schwer
resorbilis, -is, -e	resorbierbar
siccus, -a, -um	trocken
solidus, -a, -um	fest
solubilis, -is, -e	löslich
spissus, -a, -um	zähflüssig, dickflüssig
spumans	schäumend, sprudelnd
stabilis, -is, -e	feststehend
subliquidus, -a, -um	dickflüssig
viscosus, -a, -um	zähflüssig
volatilis, -is, -e	flüchtig

12.4 Funktionsbeschreibend

Hierbei handelt es sich sehr oft um Partizip-Präsens-Formen.
Die hier aufgeführten Partizipien sind einendig, d.h. sie weisen bei allen drei Geschlechtern die gleiche Nominativ-Endung auf. Angegeben sind Nominativ- und Genitiv- Singular.

Lateinisch	**Deutsch**
absorbens, -entis	aufsaugend
adsorbens, -entis	anlagernd
adstringens, -entis	zusammenziehend
conservans, -antis	konservierend
constituens, -entis	festigend, formend
corrigens, -entis	(den Geschmack) korrigierend
deflatulens, -entis	blähungstreibend
detergens, -entis	reinigend
effervescens, -entis	aufbrausend
emolliens, -entis	aufweichend
emulsificans, -antis	emulgierend
excipiens, -entis	aufnehmend
expectorans, -antis	auswurffördernd
exsiccans, -antis	austrocknend
laxans, -antis	abführend
leniens, -entis	kühlend
penetrans, -antis	durchdringend
purgans, -antis	reinigend
solvens, -entis	lösend

12.5 Qualitäts- und Reinheitsgrade

Angegeben sind die Nominativ-Singular-Endungen für alle drei Geschlechter

Lateinisch	**Deutsch**
bonus, -a, -um	gut
communis, -is, -e	gewöhnlich
depuratus, -a, -um	gereinigt
electus, -a, -um	ausgewählt
malus, -a, -um	schlecht
medicinalis, -is, -e	arzneilich verwendet (eigentl.: zum Arzt gehörend)
naturalis, -is, -e	natürlich
obsoletus, -a, -um	veraltet

officinalis, -is, -e	offizinell, arzneilich verwendet (eigentl.: zur Offizin/ Apotheke gehörend)
purificatus, -a, -um	gereinigt
purus, -a, -um	rein
raffinatus, -a, -um	raffiniert, gereinigt
rectificatus, -a, -um	rektifiziert
similis, -is, -e	ähnlich
talis, -is, -e	solcher Art
technicus, -a, -um	zum technischen Gebrauch
venalis, -is, -e	handelsüblich
verus, -a, -um	echt, wahr
vulgaris, -is, -e	gewöhnlich

12.6 Diverse

Angegeben sind die Nominativ-Singular-Endungen für alle drei Geschlechter mit Ausnahme der Partizip-Präsens-Formen.

Adjektiv	Bedeutung
acer, acris, acre	scharf
acidus, -a, -um	sauer
acutus, -a, -um	spitz, gespitzt
aequus, -a, -um	gleich
aethereus, -a, -um	ätherisch
albus, -a, -um	weiß
amarus, -a, -um	bitter
anhydricus, -a, -um	wasserfrei
animalis, -is, -e	tierisch
aquosus, -a, -um	wasserhaltig
aromaticus, -a, -um	aromatisch
bonus, -a, -um	gut
caeruleus, -a, -um	blau
calcinatus, -a, -um	geglüht
camphoratus, -a, -um	campherhaltig
causticus, -a, -um	ätzend
cavus, -a, -um	hohl
coctus, -a, -um	gekocht
colatus, -a, -um	koliert (durch ein Tuch geseiht)
communis, -is, -e	gewöhnlich
compositus, -a, -um	zusammengesetzt
compressus, -a, -um	gepreßt

corrosivus, -a, -um	ätzend
crinalis, -is, -e	zum Haar gehörig
crispus, -a, -um	kraus
crudus, -a -um	roh
cristallisatus, -a, -um	kristallisiert
decoctus, -a, -um	abgekocht
denaturatus, -a, -um	denaturiert, vergällt
dexter, dext(e)ra, dext(e)rum	rechts
dulcis, -is, -e	süß
elatus, -a, -um	erhaben, stolz, herausragen
examaratus, -a, -um	entbittert
expressus, -a, -um	ausgepreßt
exsiccatus, -a, -um	ausgetrocknet
facialis, -is, -e	seitig, gesichtig
factitius, -a, -um	künstlich
fertilis, -is, -e	fruchtbar
fissus, -a, -um	gespalten
flavus, -a, -um	gelb
fluidus, -a, -um	flüssig
foetidus, -a, -um	üblen Geruch verbreitend, stinkend
fortis, -is, -e	stark
fusus, -a, -um	gegossen
granulatus, -a, -um	gekörnt
griseus, -a, -um	grau
humanus, -a, -um	menschlich
hydricus, -a, -um	wasserhaltig
immaturius, -a, -um	unreif
incisus, -a, -um	eingeschnitten
inspissatus, -a, -um	eingedickt
iuvenilis, -is, -e	jugendlich
laevus, -a, -um	links
letalis, -is, -e	tödlich
liquefactus, -a, -um	verflüssigt
liquidus, -a, -um	flüssig
luteus, -a, -um	gelb
malus, -a, -um	schlecht
medicatus, -a, -um	heilsam
mitis, -is, -e	mild
mobilis, -is, -e	beweglich
multus, -a, -um	viel
muriaticus, -a, -um	salzsauer

niger, nigra, nigrum	schwarz
oblongus, -a, -um	länglich
omnis, -is, -e	gänzlich
oxidatus, -a, -um	oxidiert
paratus, -a, -um	bereitet
partialis, -is, -e	Teil-
praecipitatus, -a, -um	gefällt
pulveratus, -a, -um	pulverisiert
recens	frisch
recristallisatus, -a, -um	umkristallisiert
roborans	stärkend
ruber, rubra, rubrum	rot
salvus, -a, -um	heil
sanus, -a, -um	gesund
sedativus, -a, -um	beruhigend
senilis, -is, -e	greisenhaft
siccus, -a, -um	trocken
siccatus, -a, -um	getrocknet
simplex, -x, -x	einfach
solidus, -a, -um	fest
solutus, -a, -um	gelöst
spirituosus, -a, -um	weingeisthaltig
sterilis, -is, -e	unfruchtbar, steril
sublimatus, -a, -um	sublimiert, emporgehoben
tostus, -a, -um	geröstet
totus, -a, -um	ganz
tranquilus, -a, -um	ruhig
ustus, -a, -um	gebrannt
veterinarius, -a, -um	tierärztlich
viridis, -is, -e	grün

13 PHARMAZEUTISCH-TECHNOLOGISCHE NOMENKLATUR

13.1 Grundoperationen (Unit operations)

Die in der pharmazeutischen Technologie verwendeten Grundoperationen beziehen ihre Namen zu einem großen Teil von lateinischen Worten (meist Verben) , die die Operation recht präzise (Dilution, Dispensation, Sublimation) oder auch nur näherungsweise (Emulsion) beschreiben.

Fachbegriff	Grundwort	Deutsche Bedeutung
Coacervierung	co(n)acervare	anhäufen
Coagulation	co(n)agulare	gerinnen
Condensation	condensare	verdichten
Confektion	conficere	anfertigen
Contamination	contaminare	beschmutzen, beflecken
Destillation	destillare	herabträufeln
Diakolation	diacolare	durchseihen
Dialysation	dialysare	auseinanderlösen
Diffusion	diffundere	ausströmen
Digestion	disgerere	auseinanderteilen
Dilution	diluere	verdünnen
Dispersion	dispergere	zerstreuen
Dispensation	dispensare	verteilen
Emulgation	emulgere	ausmelken, eine Milch herausziehen
Evakolation	evacolare	mit Unterdruck seihen, Luft entfernen
Exsiccation	exsiccare	trocknen
Extraktion	extrahere	(her)ausziehen
Filtration	filtrare	trennen
Granulation	granulare	körnen
Homogenisation	homogenisare	angleichen
Laevigation	laevigare	glätten
Maceration	macerare	mürbe / weich machen
Perkolation	percolare	durchsickern, durchseihen
Praecipitation	praecipitare	fällen
Sedimentation	sedimentare	absetzen
Suspension	suspendere	aufhängen

Solubilisation	solubilisare	lösen
Stabilisation	stabilisare	festigen
Sterilisation	sterilisare	unfruchtbar machen
Sublimation	sublimare	emporheben, sublimieren
Trituration	terere	verreiben

Die meisten dieser Fachbegriffe können in der lateinischen Form (-io statt des deutschen -ion) nach der konsonantischen Deklination (femininum) dekliniert werden.

13.2 Arzneiformen

Angegeben sind die Nominativ- und Genitiv Endungen des Singulars, die Deklination und das Geschlecht

Singular	**Bedeutung**
Balsamum, -i *o n*	Balsam (Lösung eines Harzes in äth. Öl)
Compressi, -orum *o m* (Plural)	Tabletten
Decoctum, -i *o n*	Abkochung
Dilutio, -onis *kons f*	Verdünnung
Extractum, -i *o n*	Extrakt
Electuarium, -i *o n*	Latwerge
Gutta, -ae *a f*	Tropfen
Liquor- oris *kons m*	Flüssigkeit
Infusum, -i *o n*	Aufguß
Mixtura, -ae *a f*	Mischung
Oleum, -i *o n*	Öl
Pulvis, -eris *kons m (und f)*	Pulver
Resina, -ae *a f*	Harz
Sapo, -onis *kons m*	Seife , *übertragen:* Schaum
Sirupus, -i *o m*	Sirup
Solutio, -onis *kons f*	Lösung
Species, **-ierum**[15] *e f*	Teemischung
Spiritus, -us ***u*** *m*	Weingeist (eigentl. Lufthauch, Atem, Geist)
Suc(c)us[16], -i *o m*	Saft
Suppositorium, -i *o n*	Zäpfchen
Tabuletta, -ae *a f*	Tablette (eigentlich Täfelchen)
Tinctura, -ae *a f*	Tinktur
Trituratio, -onis *kons f*	Verreibung („feste Verdünnung“)
Unguentum, -i *o n*	Salbe
Vinum, -i *o n*	Wein

15 Zur Bezeichnung der Teemischung wird stets der Plural verwendet!

16 im DAB6 mit zwei „c“ wie z.B. in Succus liquiritiae, ansonsten auch mit einfachem „c“ geschrieben

13.3 Verbandstoffe

Grundworte für Verbandstoffe

13.3.1 Substantive

Angegeben sind die Nominativ- und Genitiv Endungen des Singulars, die Deklination und das Geschlecht.

Lateinisch	**Deutsch**
Cellulosum-i *o n*,	Zellulose, (Verband-)Zellstoff
Cellulosum ligni	
C(h)orda, -ae *a f*	Darmsaite, (Catgut, Strang); wörtl.: Katzendarm
Collagen -	Kollagen, Eiweißgerüste
Emplastrum, -i *o n*	Pflaster
Filum, -i *o n*	Faden, Saite, Docht, Gewebe, Binde
Gossypium, -i *o n*	Baumwolle, Baumwollstaude
Lana, -ae, *a f*	Wolle
Lanugo, -ginis *kons f*	Watte
Lignum, -i *o n*	Holz
Linum, -i *o n*	Lein, Leinen
Obturamentum, -i *o n*	Abdeckung (Tamponadebinde)
Receptaculum, -i *o n*	Behälter
Tampona, -ae *a f*	Tamponade („Ausstopfung")
Tela, -ae *a f*	Mull, Gewebe, Spinngewebe

13.3.2 Adjektive

Angegeben sind die Nominativ-Singular-Endungen für alle drei Geschlechter mit Ausnahme der Partizip-Präsens-Formen.

Lateinisch	**Deutsch**
polyamidicus, -a, -um	aus Polyamid
resorbilis, -is, -e	aufnehmbar, resorbierbar
sterilis, -is, -e	sterilisiert, keimarm
tortus, -a, -um	gedreht
absorbens	aufsaugend
regenerens	wiederherstellend
adhaerens	anheftend
depurans	reinigend

13.4 Neuschöpfungen

Bei den Neuschöpfungen handelt es sich oftmals um latinisierte Ausdrücke bzw. neuerdings auch vermehrt um Begriffe, die aus dem Englischen abgeleitet sind. Zuweilen werden auch lateinische Wortbestandteile mit Anglismen kombiniert. Die Bedeutung der neuen Worte läßt sich meist recht einfach erschließen.

Neuschöpfung	Bedeutung
Bitabs	Zwei/Doppeltablette
Duratabs	harte Tabletten
Tablongets	lange Tabletten
Longtabs	lange Tabletten
Teetabs	Teetabletten
Dulcets	süße Tabletten
Solvets	Lösungstabletten
Dry coatet tablets	trocken ummantelte Tabletten
Press(ed) coated tablets	durch Pressen ummantelte Tabletten
Sandwich tablets	Mehrschichttabletten
Snap tablets	Gerillte Tabletten
Pellets	Kügelchen
Linguetten	sich im Mund auflösende Tabletten
Compretten	Preßlinge
Caplets	kapselförmige Tabletten
Duracaps	Hartkapseln
Cachets	Kapseln aus Stärke
Spansuls	Kapseln mit verlängerter Wirkung
Ampulle	kleines Gefäß
Injektabile	Einspritzungen, Ampulle
Manoject	Einspritzungen von Hand, Fertigspritze
Serüle, Venüle	Gefäße zum Aufnehmen von Einzeldosen Körperflüssigkeit (Serum bzw. venöses Blut)
Aerosole	Sprays
Ophthiole	Augentropfengefäß

14 CHEMISCHE NOMENKLATUR

14.1 Elemente

Elementsymbol	Latein	Deutsch	Englisch
K	Kalium	Kalium	Potassium
Na	Natrium	Natrium	Sodium
Pb	Plumbum	Blei	Lead
Au	Aurum	Gold	Gold
Ag	Argentum	Silber	Silver
Sn	Stannum	Zinn	Tin
Hg	Mercurius (gr. Hydragyrum)	Quecksilber	Mercury
Cu	Cuprum	Kupfer	Copper
O	Oxygenium	Sauerstoff	Oxygen

14.2 Anorganische Chemie

14.2.1 Formelschreibweise

Die Chemie verwendet zur einfacheren Bezeichnung von Verbindungen eine Formelschreibweise, wobei sie sich der Elementsymbole bedient, wie man sie im Periodensystem der Elemente finden kann. Für die Bildung dieser Formeln existieren natürlich auch wieder eine Reihe von Regeln:

- Die Kationen werden den Anionen vorangestellt (z.B. NaCl).
- Der Name des elektropositiven Bestandteiles wird an erster Stelle *genannt*, dann folgt der elektronegative Bestandteil mit entsprechender Endung (s. u.). In der *geschriebenen Formel* kommt die Endung des elektronegativen Teils jedoch nicht zum Ausdruck. Unterschiedliche Oxidationsstufen werden durch eingefügte eingeklammerte römische Ziffern gekennzeichnet[17] (z.B Eisen-(III)-chlorid, $FeCl_3$).
- Bei komplexen Ionen werden die Liganden des Zentralatoms mit einem bindenden -o- vor dem Zentralatom genannt, dessen Oxidationsstufe durch eine angehängte römische Ziffer bezeichnet (z.B. Kaliumhexacyanoferrat).

[17] sog. „Stocksche Bezeichnung“

In der Praxis werden die Oxidationsstufen säurebildender Elemente oft auch durch bestimmte Prä- oder Suffixe gekennzeichnet:

Prä- / Suffix	Oxidationsstufe
-per(oxi)..icum	eine Oxidationsstufe höher
-icum	**gängigste Oxidationsstufe**
-osum	eine Oxidationsstufe tiefer
-hypo...osum	zwei Oxidationsstufen tiefer

Am Beispiel der Chlorsäure ergeben sich die Bezeichnungen:

lat. Bezeichnung	dt. Bezeichnung	Chem. Formel
Acidum perchloricum	Perchlorsäure	$HClO_4$
Acidum chloricum	**Chlorsäure**	$HClO_3$
Acidum chlorosum	chlorige Säure	$HClO_2$
Acidum hypochlorosum	unterchlorige Säure	$HClO$

14.2.2 Salze in germanischer und romanischer Nomenklatur

Germanische oder adjektivische Nomenklatur (altes Latein)
Die Salze werden entsprechend den beteiligten Ionen bezeichnet, wobei das **Kation** als **Substantiv** an erster Stelle im **Nominativ** und das **Anion** als **Adjektiv** an zweiter Stelle steht. Die Endsilbe des Anionadjektivs gibt die Oxidationsstufe an.

Romanische oder substantivische Nomenklatur (neues Latein)
Auch hier steht das **Kation** als **Substativ** an erster Stelle, wird aber in der **Genitivform** verwendet. Das **Anion** steht an zweiter Stelle als **Substantiv** im **Nominativ**. Seine Endung gibt auch hier die Oxidationsstufe an.

dt. Suffix	altlat. Suffix (germanisch)	neulat. Suffix (romanisch)
-id	-atum	-idum
-at	-icum	-as
-it	-osum	-is

Angegeben sind hier nur die Endungen des Neutrums.

Beispielgegenüberstellung der Anionenbezeichnung[18] in alter und neuer lateinischer Nomenklatur:

Deutsch	alte germanische Nomenklatur	neue romanische Nomenklatur
Acetat	aceticum	acetas
Carbonat	carbonicum	carbonas
Citrat	citricum	citras
Lactat	lacticum	lactas
Nitrat	nitricum	nitras
Perchlorat	perchloricum	perchloras
Permanganat	permanganicum	permanganas
Phosphat	phosph**or**icum	phosphas
Subgallat	subgallicum	subgallas
Sulfat	sulf**ur**icum	sulfas
Tannat	tannicum	tannas
Tetraborat	tetraboricum	tetraboras
Chlorit	chlorosum	chloris
Nitrit	nitrosum	nitris
Sulfit	sulf**ur**osum	sulfis
Bromid	bromatum	bromidum
Chlorid	chloratum	chloridum
Fluorid	fluoratum	fluoridum
Iodid	iodatum	iodidum
Oxid	oxidatum (oxydatum)	oxidum
Cyanid	cyanatum	cyanidum
Sulfid	sulf**ur**atum	sulfidum

14.3 Organische Nomenklatur

Organische Stoffe sind komplexer aufgebaut als anorganische Substanzen, so daß eine Nomenklatur, die auch noch die Oxidationsstufen exakt wiedergibt, hier viel zu komplex wäre. Man geht daher einen anderen Weg, wobei im Deutschen allgemein übliche Gruppenbezeichnungen verwendet werden. Zur lateinischen Bezeichnung organischer Stoffe werden die Endungen -um oder seltener -us bzw. -a angefügt.
Salze organischer Substanzen werden dabei zusätzlich so behandelt wie Salze anorganischer Substanzen.

[18] Bei einigen Anionen sind die Bezeichnungen in neuem Latein gegenüber den alten Bezeichnungen um eine Silbe verkürzt.

14.3.1 INN-Nomenklatur

Für organische Verbindungen, zu denen auch die meisten Arzneistoffe zählen gibt es ein eigenes Nomenklatursystem. Dies sind die internationalen Kurzbezeichnungen (INN: International nonproprietary names).

Diese Kurzbezeichnungen werden nach einer gewissen Systematik gebildet, für die einige grundlegende Regeln das Rückgrat bilden:

1. Die Bezeichnungen sollen aus praktischen Gründen möglichst kurz sein, im Klang und in der Schreibweise leicht und deutlich von anderen bereits verwendeten Namen zu unterscheiden sein.
2. Die Namen sollen Auskunft über die Zugehörigkeit zu einer pharmakologischen Gruppe geben, wobei die Bezeichnungen keine Ausdrücke anatomischer, physiologischer, pathologischer oder therapeutischer Art enthalten soll.

Neben diesen Grundsätzen sind weitere Leitgedanken zu verfolgen:

3. Bei der Benennung neuer Substanzen bnzw. Substanzgruppen ist zu bedenken, daß später für verwandte Substanzen ähnliche und treffende Bezeichnungen leicht zu bilden sein sollen.
4. Silben wie „Methylhydro“, „Methoxy“ und „Chloro“ sollen nach Möglichkeit verkürzt werden (in „Medro“, „Meto“, „Clo“ etc.) wobei der Name aber nicht im chemischen Sinne irreführend sein darf.
5. Sauer reagierenden Substanzen sollten die gebräuchliche chemische Bezeichnung „acidum“ („-säure“) im Namen tragen, wenn dies unter praktischen Gesichtspunkten sinnvoll erscheint. Andernfalls sollte statt der Bezeichnung mit "-säure“ nur ein einzelnes Wort herangezogen werden. Kommt das Wort „-säure“ in der Bezeichnung nicht vor, wie z.B. in der Reihe der Penicilline, dann sollten die Salze vorzugsweise so bezeichnet werden, daß der Name der ursprünglichen Säure unverändert bleibt: z.B. „Oxacillin“ und „Oxacillin-Natrium“.

Einige Beispiele für INN-Bezeichnungen:
Adrenalin, Noradrenalin
Barbital, Phenobarbital
Cortison, Hydrocortison
Ephedrin
Metoclopramid
Paracetamol
Penicillin, Ampicillin, Pivampicillin, Piperacillin
Phenytoin

14.4 Trivialnamen von gesättigten und ungesättigten Fettsäuren

Die natürlich vorkommenden Fettsäuren haben üblicherweise ein aus einer geraden Anzahl an Kohlenstoffatomen bestehendes Grundgerüst. Dies ist durch den Mechanismus der Fettsäuresynthese bedingt.

Anzahl C-Atome und Unsättigungen im Grundgerüst	**Trivialname**	
8	Capryl-	
10	**C**aprin-	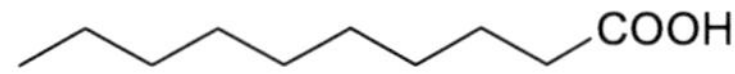
12	**L**aurin-	
14	**M**yristin-	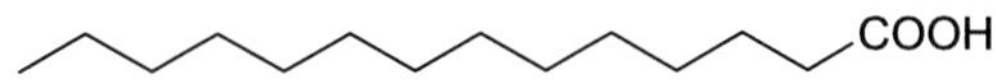
16	**P**almitin-	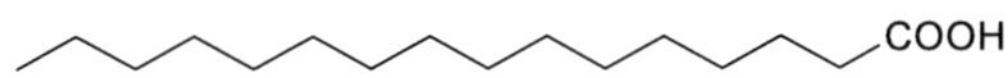
18	**S**tearin-	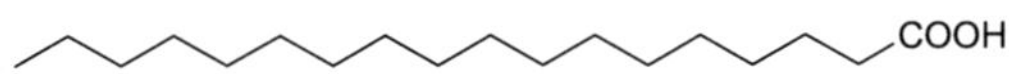
18:1	Öl-	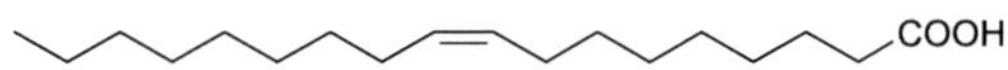
18:2	Linol-	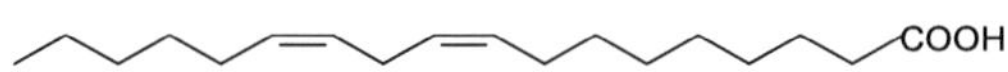
18:3	α-Linolen-	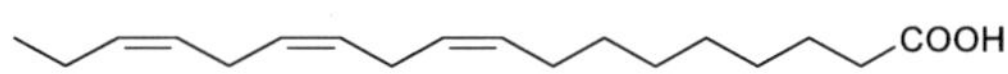
20	Arachin-	

Merkhilfe: die Anfangsbuchstaben der gesättigten C_{10}- bis C_{18}-Fettsäuren sind alphabetisch geordnet.

15 BIOLOGISCHE NOMENKLATUR

Um Lebewesen in das Pflanzen- und Tierreich sinnvoll einordnen zu können, bedient man sich einer systematischen Gliederung -der Taxonomie-, wobei Ähnlichkeiten in Form von Gruppen zusammengefasst werden. Mehrere dieser Gruppen können dann wiederum zu größeren Einheiten zusammengelegt werden und so weiter. Es eribt sich hieraus das folgende hierarchisch geordnete System aus Abteilungen, Klassen, Ordnungen, Familien, Gattungen und Arten:

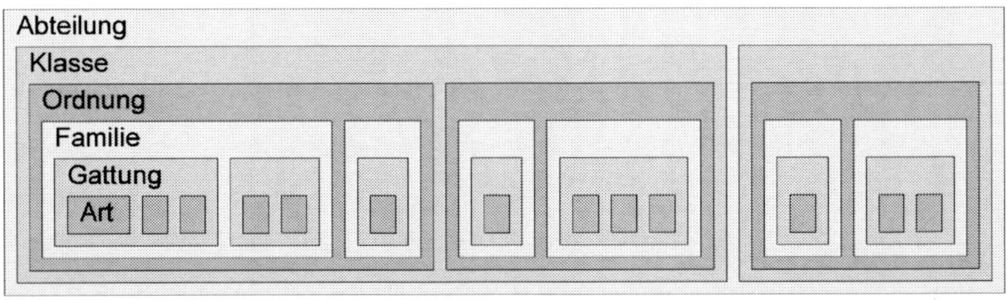

Bisweilen kann es sinnvoll sein, diese nochmals weiter aufzuteilen, worduch dann Unterabteilungen, Unterklassen und Unterfamilien entstehen können. Die einzelnen Gruppen bzw. Untergruppen tragen spezifische Endungen, um aus der Bezeichnung schnell auf die taxonomische Hierarchiestufe zurückschließen zu können:

Taxonomische Stufe	**Endung**
Abteilung	-phyta
Unterabteilung	-phytina
Klasse	-atae -phyceae (bei Algen) -mycetes (bei Pilzen) -lichenes (bei Flechten)
Unterklasse	-idae
Ordnung	-ales
Familie	-aceae
Unterfamilie	-oideae
Gattung	
Art	

Zur Beachtung: Die taxonomische Einordnung einer Pflanze kann im Laufe der Zeit den neuesten wissenschaftlichen Erkenntnissen angepasst werden. Wenn beispielsweise neue Inhaltsstoffe oder Stoffwechselwege einer Pflanze aufgedeckt werden, die in der Pflanzengattung sonst nicht vorhanden sind, kann dies auf eine bisherige Fehleinordnung deuten und die Zuordnung zu einer anderen Gattung bewirken.

15.1 Benennung von Organismen

Die botanische Nomenklatur, die auf Linné zurückgeht, verwendet für die Benennung von Pflanzen die sog. binominale oder binäre Nomenklatur (binominalis: zwei Namen enthaltend). Der erste Name gibt dabei die **Gattung** (genus), der zweite die **Art** (species) an. Gleiches gilt auch für die Benennung von Mensch oder Tier.
Zur vollständigen wissenschaftlichen Benennung, die in der Praxis jedoch weniger verwendet wird, gehört außerdem noch der Autor der ersten wissenschaftlichen Bearbeitung und die Jahreszahl der Veröffentlichung.

15.1.1 Gattungsname

Die botanischen Gattungsnamen bestehen aus Substantiven bzw. substantivierten Adjektive und werden groß geschrieben. Ihr Geschlecht bestimmt das Geschlecht des folgenden Artnamens, sofern dieser adjektivischen Ursprungs ist.

Pflanzengattungsnamen

Latein (nur Pflanzengattungsname)	**Deutsch**
Acacia	Akazie
Achillea	Schafgarbe
Adonis	Sonnenröschen
Allium	Lauch
Althaea	Eibisch
Amygdala	Mandel
Arachis	Erdnuß
Arnica	Arnica
Artemisia	Beifuß
Asperula	Waldmeister
Aurantium	Pomeranze
Avena	Hafer
Belladonna	Tollkirsche
Betula	Birke
Brassica	Raps
Bryonia	Zaunrübe

Calendula	Ringelblume
Capsicum	Pfeffer / Paprika
Cardamomum	Kardamomen
Carum	Kümmel
Caryophyllus	Nelke
Castanea	Kastanie
Centaurium	Tausendgüldenkraut
Chamomilla	Kamille
Chelidonium	Schöllkraut
China	Chinabaum
Cinnamomum	Zimt
Citrus	Zitrone
Claviceps	Mutterkorn
Coffea	Kaffeebaum
Colchicum	Herbstzeitlose
Commiphora	Myrrhe
Conium	Schierling
Convallaria	Maiglöckchen
Crataegus	Weißdorn
Cyclamen	Alpenveilchen
Digitalis	Fingerhut
Drosera	Sonnentau
Equisetum	Zinnkraut
Euphrasia	Augentrost
Eucalyptus	Eukalyptus
Farfara	Huflattich
Ficus	Feige
Foeniculum	Fenchel
Fragaria	Erdbeere
Frangula	Faulbaum
Fucus	Blasentang
Gentiana	Enzian
Glycyrrhiza	Süßholz
Guajacum	Guaiakbaum
Hamamelis	Zaubernuß
Helleborus	Nießwurz
Hyoscyamus	Bilsenkraut
Hypericum	Johanniskraut
Humulus	Hopfen
Ipecachuanha	Brechwurz
Iris	Schwertlilie

Juglans	Walnuß
Juniperus	Wacholder
Lamium	Nessel
Laurus	Lorbeer
Lavandula	Lavendel
Levisticum	Liebstöckel
Linum	Lein
Liquiritia	Süßholz
Lycopodium	Bärlapp
Matricaria	Kamille
Malus	Apfel
Malva	Malve
Melissa	Melisse
Mentha	Minze
Melilotus	Honigklee
Myrrha	Myrrhe
Nicotiana	Tabak
Ononis	Hauhechel
Olea	Ölpalme
Oliva	Olive
Oryza	Reis
Paeonia	Pfingstrose
Papaver	Mohn
Phaseolus	Bohne
Piper	Pfeffer
Pimpinella	Bibernelle
Plantago	Wegerich
Polygonum	Knöterich
Primula	Schlüsselblume
Pulmonaria	Lungenkraut
Pulsatilla	Küchenschelle
Petroselinum	Petersilie
Potentilla	Fingerkraut
Quercus	Eiche
Rosa	Rose
Ranunculus	Hahnenfuß
Rathania	Rathania
Rosmarinus	Rosmarin
Rubus	Brombeere / Himbeere
Rumex	Ampfer
Salix	Weide

Salvia	Salbei
Sambucus	Holunder
Salep	Salep
Secale	Mutterkorn
Sinapis	Senf
Taraxacum	Löwenzahn
Thea	Tee
Theobroma	Kakao
Thymus	Thymian
Thuja	Buxbaum
Tilia	Linde
Trifolium	Klee
Tussilago	Huflattich
Urtica	Brennessel
Uva ursi	Bärentrauben
Valeriana	Baldrian
Vaccinum	Heidelbeere
Vanilla	Vanille
Veronica	Ehrenpreis
Verbascum	Königskerze
Vicia	Bohne
Viola	Veilchen
Viscum	Mistel
Vitis	Wein
Zingiber	Ingwer

15.1.2 Beiworte zur Bildung von Artnamen

Wie oben schon angedeutet, bestehen die botanischen Artnamen nicht nur aus dem *Gattungsnamen* sondern auch noch aus einer weiteren Komponente, dem sog. Epitheton (spezif. Beiwort). Dieses ist meist ein Adjektiv oder adjektivisiertes Substantiv, das oftmals die äußere Erscheinung, bestimmte Eigenschaften, die Herkunft oder das Verbreitungsgebiet beschreibt. Das Epitheton wird stets klein geschrieben; es sei denn, es handelt sich um ein adjektivisiertes Substantiv. Einige der Beiworte sind allerdings auch auch von Personen oder Gattungsnamen abgeleitet.

Angegeben sind die Nominativ-Singular-Endungen für alle drei Geschlechter mit Ausnahme der Partizip-Präsens-Formen.

Bezug	lateinisches Epitheton	deutsche Bedeutung
Aussehen, Gestalt	angus, -a, -um	schmal
	lanatus, -a, -um	wollig
	lanceolatus, -a, -um	lanzettig
	longus, -a, -um	lang
	perforatus, -a, -um	durchlöchert, perforiert
	undulatus, -a, -um	wellig
Farbe	cyanus, -a, -um	blau
	luteus, -a, -um	gelb
	purpureus, -a, -um	rot, purpurfarben
	ruber, rubra, rubrum	rot
	viridis, -is, -e	grün
Anzahl	centiflorus, -a, -um	hundertblütig
	tricolor	dreifarbig
	millefolius, -a, -um	tausendblättrig
Geruch	foetidus, -a, -um	stinkend
	odoratus, -a, -um	(wohl)riechend
Geschmack	acetosus, -a, -um	sauer
	amarus, -a, -um	bitter
Verwendung	officinalis, -is, -e	offizinell
	utilis, -is, -e	nützlich
Wirkung	cardiacus, -a, -um	herzwirksam
	saponarius, -a, -um	seifig
	urens	brennend
Lebensdauer	perennis, -is, -e	mehrjährig
	annuus, -a, -um	einjährig
zeitlich	aestivus, -a, -um	Sommer-
	vernalis, -is, -e	Frühling-
Herkunft	animalis, -is, -e	tierisch

	bovinus, -a, -um	vom Rind
	cervinus, -a, -um	vom Hirsch
	ovilis, -is, -e	vom Hammel
	suillus, -a, -um	vom Schwein
	vegetabilis, -is, -e	pflanzlich
geographische Herkunft	alpestris, -is, -e	Alpen-
	arabicus, -a, -um	arabisch
	europaeus, -a, -um	europäisch
	maritimus, -a, -um	Meer-
	montanus, -a, -um	Berg-
	peruvianus, -a, -um	aus Peru
	romanus, -a, -um	römisch
	mauritianus, -a, -um	mauretanisch
	venetus, -a, -um	aus Venedig, venetianisch
	vernaculus, -a, -um	einheimisch
	zeylanicus, -a, -um	aus Ceylon
Verbreitung	caninus, -a, -um	(hunds-)gemein
	vulgaris, -is, -e	gewöhnlich
Personennamen (Subst.)	Carteri	nach engl. Schiffsarzt Carter
(Adj.)	purshianus	nach Botaniker Pursh
Diverses	verus, -a, -um	wahr

15.2 Benennung von Drogen

Das Wort Droge findet sich auch in deutschen Dialekten in Form von „drüsch“ oder „droege“ wieder und bedeutet dort „trocken“. Im pharmazeutischen Bereich bezeichnet es **getrocknete Tier- oder Pflanzenteile** (z.B. auch in „Drogerie“). An dieser Stelle sei darauf hingewiesen, daß zwischen der Droge und der Stammpflanze, aus der die Droge hervorgeht, zu unterscheiden ist. So ist z.B. Herba Thymi die Bezeichnung der Droge, die man nach fachgerechter Trocknung aus den oberirdischen Teilen der Stammpflanze Thymus vulgaris (oder Thymus zygis) erhält.
Die Verwendung des Wortes Droge im Zusammenhang mit Rausch- oder Suchtmitteln ist erst in neuerer Zeit hieraus hervorgegangen. Im angelsächsischen Sprachraum bezeichnet das Wort „drug“ nach wie vor primär Arzneistoffe bzw. Arzneimittel (z.B in drug-store).

Drogenbezeichnungen werden im Lateinischen aus zwei Substantiven gebildet, von denen das eine im Nominativ steht und den verwendeten Drogenteil angibt. Das zweite Substantiv gibt den Gattungsnamen an und wird in den Genitiv gesetzt. An dieser Stelle sollen zunächst die Drogenteile bzw. Drogenprodukte dargestellt werden. Beispiele für die kompletten Bezeichnungen pharmazeutisch verwendeter Drogen finden sich im Abschnitt „Verzeichnis gebräuchlicher Drogen“.

15.2.1 Drogeninhaltsstoffe und Produkte aus Drogen

Angegeben sind die Nominativ- und Genitiv Endungen des Singulars, die Deklination und das Geschlecht

Latein	**Deutsch**	**Beispiel**
Adeps, -ipis *kons m und f*	Schmalz	Adeps suillus = Schweineschmalz
Amylum, -i *o n*	Stärke	Amylum Tritici = Weizenstärke
Balsamum, -i *o n*	Balsam	Balsamum peruvianum =Perubalsam
Gummi, -	Gummi	Gummi arabicum
Oleum aethereum, Aetheroleum, -i *o n*	ätherisches[19] Öl	Oleum Thujae =Thujaölaöl
Pix, picis *kons f*	Teer	Pix betulina =Birkenteer
Pulpa, -ae *a f*	Fruchtfleisch	Pulpa Tamarindorum = Tamarindenmus
Resina, -ae *a f*	Harz	Resina Pini = Fichtenharz
Sebum, -i *o n*	Talg	Sebum benzoatum = Benzoetalg

[19] dies sollte nach wie vor mit dem Umlaut „ä“ geschrieben werden.

15.2.2 Pflanzenteile

Angegeben sind die Nominativ- und Genitiv Endungen des Singulars, die Deklination und das Geschlecht

Latein	Bedeutung	Beispiel
Arillus, -i *o m*	Samenmantel	Arillus Myristicae
Bulbus, -i *o m*	Zwiebel (Speicherorgane)	Bulbus Scillae = Meerzwiebel
Cortex, -ticis *kons f (und m)*	Stamm- oder Wurzelrinde	Cortex Frangulae = Faulbaumrinde
Flos, Floris *kons m*	Blüte: die Einzelblüten oder Blütenstände	Flores Verbasci = Wollblumen
Folium, -i *o n*	Blatt: die Laubblätter	Folia Betulae = Birkenblätter
Folliculus, -i *o m*	Schote, Hülse	Folliculi Sennae = Sennesschoten
Fructus, -us *u m*	Frucht: die ganzen Früchte oder Teile einer Frucht. Nach den Fruchtformen kann weiter unterschieden werden	Fructus Foeniculi = Fenchel(früchte)
Gemma, -ae *a f*	Knospe	Gemmae populi = Pappelknospen
Herba, -ae *a f*	Kraut: die oberirdischen Pflanzenteile ohne verholzte Stengelanteile; also Blüten, Blätter und Stengel	Herba Centaurii = Tausendgüldenkraut
Legumen, -minis *kons n*	Hülse, Hülsenfrucht	Legumina Phaseoli = Bohnenhülsen
Lignum, -i *o n*	Holz	Lignum Santali = Sandelholz
Nux, nucis *kons f*	Nuß	Nux vomica (Semen Strychni) = Brechnuß
Pericarpium, -i *o n*	Fruchtschale	Pericarpium aurantii = Pomeranzenschalen
Radix, -icis *kons f*	Wurzel	Radix Liquiritiae = Süßholz
Rhizoma	Wurzelstock	Rhizoma Galangae = Galgant(wurzelstock)
Semen, -minis *kons n*	Samen	Semen Lini = Leinsamen
Stigma, -atis *kons n*	Narbe, Griffel	Stigmata Croci = Safran
Stipes, -itis *kons m*	Stengel	Stipites Dulcamarae = Bittersüßstengel
Strobulum	Zapfen	Strobuli Lupuli = Hopfenzapfen
Tuber, -eris *kons* ***n***	Knolle	Tubera Aconiti = Eisenhutknollen
Turio	Sproß	Turiones Pini = Kiefernsprossen

15.3 Verzeichnis gebräuchlicher Drogen

Da meist nach wie vor die Standgefäße in den Apotheken in altem Latein beschriftet sind, werden auch die offizinell häufig verwendeten Drogen im Folgenden nicht in neuem (z.B. Sambuci flos) sondern weiterhin in der Schreibweise des alte Latein (wie Flores Sambuci) aufgeführt. Die Bezeichnung der Drogen nach neuem Latein läßt sich anhand oben erwähnter Regelmäßigkeiten leicht ableiten.

lateinische Bezeichnung (a: alt; n: neu)	**Stammpflanze**	**Deutsch**
Amylum Oryzae *a*	Oryza sativa, Poaceae	Reisstärke
Amylum Tritici *a*	Triticum aestivum, Poaceae	Weizenstärke
Amylum Maydis *a*	Zea mays, Poaceae	Maisstärke
Amylum Solanum *a*	Solanum tuberosum, Solanaceae	Kartoffelstärke
Benzoe	Styrax tokinensis, St. benzoin, Styracaceae	Benzoe(harz)
Bulbus Allii cepae *a*	Allium cepa, Alliaceae	Küchenzwiebel
Bulbus Allii sativi *a*	Allium sativum, Alliaceae	Knoblauch
Bulbus scillae *a*	Urginea maritima, Hyacinthaceae	Meerzwiebel
Cortex Chinae *a*, Cinchonae Cortex *n*	Cinchona pubescens, Rubiaceae	Chinarinde
Cortex Cinnamomi a	Cinnamomum verum / C. zeylanicum, Lauraceae	Zimtrinde
Cortex Condurango *a*	Marsdenia condurango, Asclepiadaceae	Kondurangorinde
Cortex Frangulae *a*	Rhamnus frangula / Frangula alnus, Rhamnaceae	Faulbaumrinde
Cortex Hamamelidis *a*	Hamamelis virginiana, Hamamelidaceae	Hamamelisrinde
Flores Arnicae a	Arnica montana / A. chamissonis, Asteraceae	Arnikablüten
Flores Calendulae a	Calendula officinalis, Asteraceae	Ringelblumen
Flores Caryophylli a	Syzygium aromaticum / Caryophyllus aromaticus / Eugenia caryophyllata, Myrtaceae	Gewürznelken
Flores Chamomillae a Matricariae flos *n*	Matricaria recutita, Chamomilla recutita, Matricaria chamomilla, Asteraceae	Kamillenblüten
Flores Chamomillae romanae *a*	Chamomilla nobilis / Anthemis nobilis, Asteraceae	Römische Kamille
Flores Humuli Lupuli (Strobuli Lupuli) Lupuli Strobulus *n*	Humulus lupulus, Cannabaceae	Hopfenzapfen
Flores Lavendulae a	Lavandula angustifolia, Lamiaceae	Lavendelblüten
Flores Malvae *a*	Malva silvestris (ssp. mauritiana), Malvaceae	Malvenblüten
Flores Sambuci a	Sambucus nigra, Sambucaceae / Caprifoliaceae	Holunderblüten
Flores Tiliae a	Tilia cordata / T. platyphyllos, Tiliaceae	Lindenblüten
Folia Belladonnae *a*	Atropa belladonna, Solanaceae	Tollkischblätter
Folia Betulae a	Betula pendula / B. verrucosa / B. pubescens,	Birkenblätter

	Betulaceae	
Folia Crataegi cum floribus a	Crataegus oxyacantha / C. laevigata / C. pentagyna/ C. nigra / C. azarolus, Rosaceae	Weißdornblätter mit Blüten
Folia Digitalis lanata *a*	Digitalis lanata, Scrophulariaceae	Blätter vom wolligen Fingerhut
Folia Digitalis purpurea *a*	Digitalis purpurea, Scrophulariaceae	Fingerhutblätter
Folia Eucalypti *a*	Eucalyptus globulus, Myrtaceae	Eukalyptusblätter
Folia Farfarae *a*	Tussilago farfara, Asteraceae	Huflattichblätter
Folia Fragariae *a*	Fragaria vesca, Rosaceae	Erdbeerblätter
Folia Hyoscyami *a*	Hyoscyamus niger, Solanaceae	Bilsenkrautblätter
Folia Melissae a	Melissa officinalis, Lamiaceae	Melissenblätter
Folia Menthae crispae *a*	Mentha spicata var. crispa, Lamiaceae	Krauseminzeblätter
Folia Menthae piperitae a	Mentha X piperita, Lamiaceae	Pfefferminzblätter
Folia Nicotianae *a*	Nicotiana tabacum et al., Solanaceae	Tabakblätter
Folia Rubi fruticosi *a*	Rubus fruticosus, Rosaceae	Brombeerblätter
Folia Rubi idaei *a*	Rubus idaeus, Rosaceae	Himbeerblätter
Folia Salviae a	Salvia officinalis, Lamiaceae	Salbeiblätter
Folia Salviae trilobae *a*	Salvia triloba, Lamiaceae	Dreilappiger Salbei
Folia Sennae a	Cassia angustifolia / C. sennae, Caesalpinaceae	Sennesblätter
Folia Uvae Ursi a	Arctostaphylos uva-ursi, Ericaceae	Bärentraubenblätter
Fructus Anisi a	Pimpinella anisum, Apiaceae	Anisfrüchte
Fructus Anisi Stellati a	Illicium verum, Illiciaceae	Sternanis
Fructus Capsici acer *a* auch: Piper Cayennense	Capsicum frutescens / C. annuum, Solanaceae	Cayennepfeffer
Fructus Cardamomi a	Elataria cardamomum, Zingiberaceae	Kardamomen
Fructus Carvi a	Carum carvi, Apiaceae	Kümmel
Fructus Conii *a*	Conium maculatum, Apiaceae	Schierlingsfrüchte
Fructus Foeniculi a	Foeniculum vulgare ssp. vulgare var dulce, Apiaceae	Süßer Fenchel
Fructus Foeniculi amari *a*	Foeniculum vulgare ssp. vulgare var. vulgare, Apiaceae	Bitterer Fenchel
Fructus Juniperi a	Juniperus communis, Cupressaceae	Wacholderbeeren
Fucus *a*	Fucus vesiculosus / Ascophyllum nodosum, Phaeophyceae	Tang
Gummi arabicum a Acaciae gummi *n*	Acacia senegal, Mimosaceae	Arabisches Gummi
Herba Absinthii *a*	Artemisia absinthium, Asteraceae	Wermutkraut
Herba Adonidis *a*	Adonis vernalis, Ranunculaceae	Adoniskraut, Sonnenröschenkraut
Herba Allii ursini *a*	Allium ursinum, Alliaceae	Bärlauchkraut

Herba Artemisiae *a*	Artemisia vulgaris, Asteraceae	Beifußkraut
Herba Asperulae *a*	Galuim odoratum, Rubiaceae	Waldmeister
Herba Avenae *a*	Avena sativa, Poaceae	Grüner Hafer
Herba Bursae pastoris	Capsella bursa-pastoris, Brassicaceae	Hirtentäschelkraut (lat. pastor: Hirte, bursa: Tasche)
Herba Centaurii *a*	Centaurium erythraea, Gentianaceae	Tausendgüldenkraut
Herba Chelidonii *a*	Chelidonium majus, Papaveraceae	Schöllkraut
Herba Convallariae *a*	Convallaria majalis, Convallariaceae	Maiglöckchenkraut
Herba Droserae *a*	Drosera ramentaceae et al., Droseraceae	Sonnentau
Herba Equiseti a	Equisetum arvense, Equisetaceae	Schachtelhalmkraut, Zinnkraut
Herba Euphrasiae *a*	Euphrasia rostkoviana / E. stricta et al., Scrophulariaceae	Augentrostkraut
Herba Hyperici *a*	Hypericum perforatum, Hypericaceae	Johanniskraut
Herba Lamii albi *a*	Lamium album, Laminaceae	Kraut der weißen Taubnessel
Herba Lycopodii *a*	Lycopodium clavatum, Lycopodiaceae	Bärlappkraut
Herba Majoranae *a*	Origanum majorana	Majorankraut
Herba Meliloti *a*	Melilotus officinalis / M. altissimus, Fabaceae	Steinkleekraut
Herba Millefolii *a*	Achillea millefolium, Asteraceae	Schafgarbenkraut
Herba Origani *a*		Dost
Herba Thymi a	Thymus vulgaris / Thymus zygis, Lamiaceae	Thymiankraut
Herba Urticae a	Urtica dioica / Urtica urens, Urticaceae	Brennesselkraut
Lignum Guaiaci *a*	Guaiacum officinale, Zygophyllaceae	Guajakholz
Macis (Arillus Myristicae / Flores Macidis)	Myristica fragrans, Myristicaceae	„Muskatblüte“ (Samenmantel der Muskatnuß)
Mastix	Pistacia lentiscus, var. chia, Anacardiaceae	Mastixharz (früher als Klebemittel für Verbände)
Myrrha	Commiphora molmol et al., Burseraceae	Myrrhe
Olibanum	Boswellia sacra et al., Burseraceae	Weihrauch
Pericarpium Aurantii a	Citrus aurantium ssp. aurantium, Rutaceae	Pomeranzenschalen
Pericarpium Citri *a*	Citrus limon / C. medica var. limonum, Rutaceae	Zitronenschale
Radix Althaeae a	Althaea officinalis, Malvaceae	Eibischwurzel
Radix Colombo *a*		Kolombowurzel
Radix Gentianae *a*	Gentiana lutea, Gentianaceae	Enzianwurzel
Radix Ipecacuanhae *a*	Cephaelis ipecacuanha, Rubiaceae	Brechwurzel
Radix Levistici *a*	Levisticum officinale, Apiaceae	Liebstöckelwurzel
Radix Liquiritiae a	Glycyrrhizia glabra, Fabaceae	Süßholzwurzel,

		Lakritzwurzel
Radix Ononidis *a*	Ononis spinosa, Fabaceae	Hauhechelwurzel
Radix Primulae *a*	Primula veris / P. officinalis / P. elatior, Primulaceae	Primelwurzel
Radix Uzarae a	Xysmalobium undulatum, Asclepiadaceae	Uzarawurzel
Radix Valerianae a	Valeriana officinalis, Valerianaceae	Baldrianwurzel
Rhizoma Graminis *a*	Agropyron repens, Poaceae	Queckenwurzel(stock)
Rhizoma[20] Rhei *a* Rhei radix *n*	Rheum palmatum / R. officinale, Polygonaceae	Rhabarberwurzel
Rhizoma Zingiberis a	Zingiber officinale, Zingiberaceae	Ingwer
Sandaraca	Tetraclinis articulata, Cupressaceae	Sandarak (früher zur Pflasterbereitung)
Secale Cornutum n	Claviceps purpurea, Clavicipitaceae	Mutterkorn
Semen Coffeae tostae a	Coffea arabica var. typica et al., Rubiaceae	Geröstete Kaffebohnen
Semen Colchici a	Colchicum autumnale, Liliaceae	Herbstzeitlosensamen
Semen Hippocastani *a*	Aesculus hippocastanum, Hippocastanaceae	Roßkastaniensamen
Semen Myristicae a	Myristica fragrans, Myristicaceae	Muskatnuß
Semen Lini a	Linum usitatissimum, Linaceae	Leinsamen, Flachssamen
Stigmata Croci *a*	Crocus sativus, Iridaceae	Krokusblütengriffel, Safran
Stipites Dulcamarae *a*	Solanum Dulcamara, Solanaceas	Bittersüßstengel

20 botanisch falsch

16 MEDIZINISCHE TERMINOLOGIE (ANATOMIE / PATHOLOGIE)

16.1 (pathologische) Anatomie, Medizin

In den nachfolgenden Tabellen sind Begriffe aus dem Bereich der Anatomie aufgeführt, wobei zuweilen auch Begriffe der pathologischen Anatomie oder allgemeine medizinische Ausdrücke aufgeführt sind, wenn dies sinnvoll erscheint. Der eigentlichen Pathologie ist jedoch ein separates Kapitel gewidmet. Nachfolgend wird der Übersichtlichkeit halber nicht alphabetisch sondern „von außen nach innen" bzw. „von oben nach unten" vorgegangen.
Hierbei sind die jeweiligen Termini nicht durch die Angabe von Genitiv-Endung und Deklination ergänzt, da die Begriffe oft eine Mischung aus lateinischen und griechischen Elementen darstellen und keine zwingende Notwendigkeit besteht, diese zu deklinieren.

16.1.1 Haut, Hautanhangsgebilde, Haare, Nägel etc.

Begriff	**Bedeutung**
Cutis, *Pellis*, Membrana, *Derm(ato)-*	Haut
Epidermis	Oberhaut
Stratum corneum	Hornschicht
Corium	Lederhaut
Subcutis	Unterhaut
Glandula	Drüse
Glandulae sudoriferae	Schweißdrüsen
Sudor, Hidr(o)-	Schweiß
Diaphorese	Schweißabsonderung
Glandulae sebaceae	Talgdrüsen
Comedo	Mitesser
Seborrhoea	gesteigerte Talgdrüsenabsonderung
Mamma, *Mast(o)-*	Brustdrüse der Frau
Papilla mammae, Mamilla, Thel(o)-	Brustwarze
Pilus, Capillus, *Crinis*, *Trich(o)-*	Haar
Folliculi pili	Haarwurzelhülle
Unguis, *Onych(o)-*	Nagel
Cilium	Wimper
Tela	Gewebe

16.1.2 Körper allgemein und Bewegungsapparat

Begriff	**Bedeutung**
Corpus, Soma	Körper
Skeleton	Skelett, Knochengerüst
Os, *Oste(o)-*	Knochen
Periost	Knochenhaut
Cartilago, *Chondr(o)-*	Knorpel
Meniskus	Faserknorpelscheibe
Articulatio, *Arthr(o)-*	Gelenk
Ligamentum, Syndesmo-	Bänder
Caput	Kopf
Cranium	Schädel
Calvaria	Schädeldach
Collum, *Cervix*	Hals
Nucha	Nacken
Truncus	Rumpf
Columna vertebralis, *Spina*	Wirbelsäule
Vertebra, Spondylus, *Spondyl(o)-*	Wirbel
Dorsum	Rücken
Pectus	Brust
Thorax	Brustkorb
Sternum	Brustbein
Costa	Rippe
Membra	Gliedmaßen
Clavicula	Schlüsselbein
Omos	Schulter
Scapula	Schulterblatt
Axilla	Achsel
Brachium	(Ober-)arm
Cubitus, Olecranon, Ankon-	Ellenbogen
Antebrachium	Unterarm
Ulna	Elle
Manus, *Ch(e)ir(o)-*	Hand
Palma	Handfläche
Digitus, Daktyl(o)-	Finger, Zehe
Phalanx	Fingerglied
Pollex	Daumen
Lumbus	Lende
Ischium	Gesäß
Pelvis	Becken

Coxa	Hüfte
Crus	Schenkel (Unterschenkel)
Femur	Oberschenkelknochen
Genu-, *Gon-*	Knie
Patella	Kniescheibe
Poples	Kniekehle
Sura	Wade
Tibia	Schienbein
Fibula	Wadenbein
Pes, *Pod(o)-*	Fuß
Hallux	Großzeh
Calcar	Sporn
Calx	Ferse
Ganglion	knotenförmige Anschwellung; hier: „Überbein“

16.1.3 Muskeln

Begriff	**Bedeutung**
Musculus, My(o)-	Muskel
Tendo, Teno-	Sehne
Vagina tendinis, Peritendineum	Sehnenscheide

16.1.4 Herz, Blutgefäße, Lymphsystem

Begriff	**Bedeutung**
Cor, *Kard(io)-*	Herz
Perikard	Herzbeutel
Myokard	Herzmuskel
Systole	Kontraktion des Herzmuskels
Diastole	Erschlaffung des Herzmuskels
Vas, *Angio-*	Gefäß
Koronargefäße	Herzkranzgefäße
Atrium cordis	Vorhof zur Herzkammer
Ventriculus cordis	Herzkammer
Endokard	Herzinnenwand
Valvae cordis	Herzklappen
Valva atrioventricularis dextra = v. tricuspidalis	Tricuspidalklappe
v. a. sinistra = v. mitralis	Mitralklappe
V. aortae	Aortenklappe

V. trunci pulmonalis	Pulmonalklappe
bathmotrop	die Reizschwelle des Herzens beeinflussend
dromotrop	die Erregungsleitung im Herzen verändernd
inotrop	mit Wirkung auf die Kontraktionskraft des Herzens
Aorta	große Körperschlagader
Arteria	Arterie, Schlagader
Arteriole	sehr kleine Schlagader
Vena, Phleb(o)-	Vene, Blutader
Venula	sehr kleine Blutader
Anastomose	netzartige Vereinigung (von Blut- oder Lymphgefäßen bzw. Nerven)
Kapillaren	Kapillargefäße (feinste Gefäße)
Sanguis (lat.) , *Häm(at)o-* (gr. haima)	Blut
Hämophilie	Bluterkrankheit
hämorrhagische Diathese	Blutungsneigung
Erythrozyten	rote Blutkörperchen
Hämoglobin	Farbstoff der Erythrozyten
Thrombozyten	Blutplättchen
Leukozyten	weiße Blutkörperchen
Blutplasma	Blutflüssigkeit
Lympha	Lymphe
Lymphang(i)-	Lymphgefäß
Nodi lymphatici	Lymphknoten

16.1.5 ZNS

Begriff	**Bedeutung**
Cerebrum, Enzephal(o)-	Gehirn
Cerebellum	Kleinhirn
Pons	Brücke
Telencephalon	Endhirn
Hypophyse	Hirnanhang
Medulla spinalis, Myel(o)-	Rückenmark
Meninges	Hirn- /Rückenmarkshäute
Leptomeninges	weiche Hirnhäute
Pachymeninx, *Dura mater*	harte Hirnhaut
Arachnoidea	Spinnwebenhaut
Nervus, *Neur(o)-*	Nerven
Ganglion	Nervenknoten
Mens, Psych(o)-, Phren-	Verstand, Seele, Geist

Sensus	Empfindsamkeit
ZNS	Zentrales Nervensystem
PNS	peripheres Nervensystem
Melencephalon	Markhirn
Medulla oblongata	verlängertes Rückenmark

16.1.6 Gesicht

Begriff	**Bedeutung**
Facies	Gesicht
Tempora	Schläfen
Bucca, Mala	Wange
Barba	Bart
Mentum	Kinn

16.1.7 Augen

Begriff	**Bedeutung**
Oculus, *ophthalm(o)-*	Auge
Orbita	Augenhöhle
Palpebra, Blephar(o)-	Augenlid
Cilium	Wimper
Cornea, Kerat(o)-	Hornhaut des Auges
Pupilla	Sehloch, Pupille
Mydriasis	Pupillenerweiterung
Miosis	Pupillenverengung
Iris	Regenbogenhaut
Lens crystallina	Linse
Corpus vitreum	Glaskörper
Retina	Netzhaut
Conjunctiva	Bindehaut
Lacrima	Träne

16.1.8 Ohren

Begriff	**Bedeutung**
Auris, *Ot(o)-*	Ohr
Otologie	Ohrenheilkunde
Auris externa	Äußeres Ohr
Concha	(Ohr)muschel

Auris media	Mittelohr
Auris interna	Labyrinth, Innenohr
Malleus	Hammer
Incus	Amboß
Stapes	Steigbügel
Cochlea	Schnecke
Membrana tympani	Trommelfell
Vestibulum	Vorhof

16.1.9 Mund

Begriff	**Bedeutung**
Os, Stomat(o)-	Mund
Labia oris	Mundlippen
Cavum oris	Mundhöhle
Palatum	Gaumen
Lingua, *Gloss-*	Zunge
Gingiva	Zahnfleisch
Parodontium	Zahnbett
Dentes, Odont(o)-	Zähne
Radix dentis	Zahnwurzel
Pulpa	Zahnmark
Collum dentis	Zahnhals
Maxilla	Oberkiefer
Mandibula	Unterkiefer
Glandulae oris	Mundspeicheldrüsen
Parotis	Ohrspeicheldrüse
Uvula	Gaumenzäpfen („Zäpfchen")
Tonsilla	Mandel
Fauces	Schlund
Pharynx	Rachen
Saliva	Speichel

16.1.10 Respirationstrakt

Begriff	**Bedeutung**
Nasus, *Rhin(o)-*	Nase
Nares	Nasenlöcher
Cavum nasi	Nasenhöhle
Septum nasi	Nasenscheidewand

Sinus	Nebenhöhlen (Eigentl. Bogen, Busen, Bucht)
Sinus frontalis	Stirnhöhle
Sinus maxillaris	Kieferhöhle
Trachea	Luftröhre
Larynx	Kehlkopf
Glottis	Stimmapparat
Epiglottis	Kehldeckel
Pectus, *Thorax*, *Thorak(o)-*	Brustkorb
Bronchus	Hauptäste der Luftröhre (Bronchien)
Bronchiole	kleine Verästelungen der Bronchien
Pulmo-, Pulmonal-, *Pneum(o)-*	Lunge
Alveoli	Lungenbläschen
Sputum	(Bronchial)sekret / -schleim

16.1.11 Speiseröhre/ GI-Trakt / Bauchraum

Begriff	**Bedeutung**
Oesophagus	Speiseröhre
Abdomen	Unterleib
Venter	Bauch
Periton(a)eum, Periton-	Bauchfell
Pleura, Pleur(o)-	(Brust)fell
Phren, Diaphragma(to)-	Zwerchfell
Pleura parietalis	Rippenfell
Pleura pulmonalis	Lungenfell
Viscera, *Entera*, Splanchn(o)-	Eingeweide
Kardia (Ostium cardiacum)	(oberer) Magenmund
Gastrointestinal-	Magen-Darm-
Gastrum, *Ventriculus*, Corpus ventriculi	Magen
Chymus	Speisebrei im Magen
Ulcus ventriculi	Magengeschwür
Pylorus	„Pförtner“, Magenausgang
Intestinum, *Enter(o)-*	Darm
Pankreas, Pankreat-	Bauchspeicheldrüse
Lien, *Splen(o)-*	Milz
Hepar, *Hepat(o)-*	Leber
Vesica fellea	Gallenblase
Bilis, *Fel*, *Chol-*	Galle
Ileus	Darmverschluß
Intestinum tenue	Dünndarm

Duodenum	Zwölffingerdarm
Jejunum	Leerdarm
Ileum	Krummdarm
Intestinum crassum	Dickdarm
Caecum	Blinddarm
Appendix vermiformis	Wurmfortsatz
Colon	Grimmdarm
Rectum	Mastdarm
Anus, Prokt(o)-	After
Faeces	Kot
Defäkation	Stuhlentleerung

16.1.12 Nieren und Harnwege

Begriff	Bedeutung
Ren, Nephr(o)-	Niere
Nephron	Nierenkörperchen
Glomerulus	Blutkapillarenknäuel
Tubulus	Harnkanälchen
Pelvis renalis, Pyelon, *Pyel(o)-*	Nierenbecken
Diurese	Harnproduktion
Ureter	Harnleiter
Vesica (urinaria), Cyst(o)-	Harnblase
Urethra	Harnröhre

16.1.13 Geschlechtsorgane

Begriff	Bedeutung
Scrotum	Hodensack
Testis, Orchi-, Didym-	Hoden
Epididym-	Nebenhoden
Gonaden	Geschlechtsdrüsen
Vesicula seminalis	Samenblase
Funiculus	Samenstrang
Ductus deferens	Samenleiter (wörtl: ableitender Gang)
Prostata	Vorsteherdrüse
Penis, Phallus	männl. Glied
Praeputium	Vorhaut
Glans	Eichel
Sperma	Samen

Ejaculatio	Samenerguß
Menses	Regelblutung (von lat. Men = Monat)
Menstruation, Menorrhoe	Regelblutung
Menarche	erste Regelblutung
Menopause	Ende der Regelblutung in den Wechseljahren
Vulva	äußeres weibliches Genital
Clitoris	Kitzler
Vagina, Kolp(o)-	Scheide
Endometrium	Innere Schleimhaut der Gebärmutter
Myometrium	muskulöse Gebärmutterwand
Uterus, Metr(o)-, Hyster(o)-	Gebärmutter
Placenta	Mutterkuchen
Adnexe, Annexe	Uterusanhänge (Tuben, Ovarien)
Tuba uterina, Salping(o)-	Eileiter
Ovarium, Oophor	Eierstock
Folliculi	Eizellen
Corpus luteum	Gelbkörper
Ovulation	Eisprung
Gravidität	Schwangerschaft
Obstetrik	Geburtshilfe
Puerpa	Wöchnerin
Embryo	Ungeborenes bis 4. Monat
F(o)etus	Ungeborenes ab 5. Monat
Partus	Geburt
Conceptio	Empfängnis
Contra(con)ceptiva	Empfängnisverhütende Mittel

16.2 Pathologie

Nachfolgend sind eine Reihe an lateinischen, latinisierten, eingedeutschten oder deutschen Begriffen aufgeführt, denen man in der Pharmazie häufig begegnet. Sie entstammen i. d.R den Bereichen der Pathologie oder Anatomie bzw. nahestehender Fachgebiete und sind lediglich alphabetisch geordnet.

16.2.1 Allgemeine Begriffe

Begriff	**Bedeutung**
Abortus	Fehlgeburt
Abszeß	Eiteransammlung (in einem durch Gewebszerfall entstandenen Hohlraum)
Abusus	Mißbrauch
Achylie, Apepsie	Fehlen der Verdauungssäfte
Adipositas	Fettleibigkeit
Agglutination	Zusammenballung
Agranulocytose	hochgradige Verminderung der Granulozyten im Blut; kann als allergische Reaktion bei manchen Arzneimitteln auftreten
Akines(i)e	Bewegungsarmut
Akkomodation	Anpassung (beim Auge: die A. des optischen Apparates an die wechselnde Entfernung; der Prozeß des „Scharfstellens")
Akromegalie	Vergrößerung der Akren (Körperenden)
Algesie	Schmerzempfindung
Algos	Schmerz
Alopezie	patholog. Haarausfall
Amnesie	Erinnerungslücke
Anämie	Blutarmut (zu geringer Hämatokrit-Wert)
anaphylaktische Reaktion	Sofortreaktion
Anorexie	Appetitlosigkeit
Anurie	fehlende oder verminderte Absonderung des Harns
Aplasie (gr. plattein: bilden)	fehlende (Organ)ausbildung
Appendizitis	„Blinddarmentzündung"; eigentlich ist nicht der Blinddarm sondern der Wurmfortsatz (Appendix vermiformis) entzündet
Arrhythmie	ungleichmäßiger Herzschlag
Arteriosklerose	pathologische Verengung des Arterienlumens, die mit Verhärtung und Elastizitätsverlust

	einhergeht
Arthritis	Gelenkentzündung
Arthritis urica	Gicht
Arthrose	degenerative Gelenkerkrankung
Ascites, Aszites	Bauchwassersucht, „Wasserbauch“
Atresie (gr. tresis: Loch)	fehlende Umbildung zu einem Hohlorgan
Atrichie	Haarlosigkeit
Atrophie	Rückbildung
Autoimmunerkrankung	Antigen- Antikörper-Reaktion gegen körpereigene Substanzen
Bakteriämie	Eindringen von Bakterien in die Blutbahn
benigne	gutartig
Biopsie	Entnahme von Gewebeproben beim Lebenden
Bradykardie	Verlangsamung der Herzfrequenz
Bursitis	Schleimbeutelentzündung (lat. bursa: Tasche)
Cholelith(iasis)	Gallenstein(leiden)
Clavus pedis	„Hühnerauge“
Combustio	Verbrennung
Congelatio	Erfrierung
Decubitus	Drucknekrose (oftmals bei Bettlägerigen)
Dermatose	Hauterkrankung
Diabetes insipidus	„nichtsschmeckende Harnruhr“ (endokrine Störung des Hypophysenhinterlappens)
Diabetes mellitus	„Zuckerkrankheit“ („süßschmeckende Harnruhr“)
Diarrhoe	Durchfall
Digestion	Verdauung
Diphtherie	Infektionskrankheit (mit häutig fibrinösen Belägen auf betroffenen Schleimhäuten)
Distorsio	Verstauchung
Dyspepsie	Verdauungsstörung
Ejaculatio praecox	vorzeitiger Samenerguß
Ektomie	(operativ) Herausnehmen, Herausschneiden
Embolie	Verstopfung durch Embolus
Embolus	In die Blutbahn verschlepptes Treibteilchen (oftmals Fett oder Luft)
Emesis, Vomitus	Erbrechen
Emphysem	das ungewöhnliche Vorkommen von Luft im Körper
Empyem	Eiteransammlung in Körperhöhlen oder Hohlorganen

endemisch	räumlich begrenztes Auftreten (z.B. einer Krankheit); dort jedoch fast alle Bereiche betreffend
endokrin	mit innerer Ausscheidung verbunden (normalerweise ist das hormonale System gemeint)
enteral	die Eingeweide (spez. Darm) betreffend
Enuresis nocturna	nächtliches Bettnässen
epidemisch	massenhaftes, seuchenartiges Auftreten (einer Krankheit) ohne räumliche Abgrenzung
Eruktation	Aufstoßen („Rülpsen")
Erysipel	Wundrose
Erythem	entzündliche Hautrötung
Exanthem	Hautausschlag
excidieren, Excision	Herausschneiden
Exkretion	Ausscheidung
Exsudation	Austritt von Plasma, Serum, Zellen (Leukozyten)
Facies abdominalis	blasser, eingefallener, ängstlicher Gesichtsausdruck bei schwerer Baucherkrankung
febris	Fieber
Fissur	(Ein-)Riß
Flatulenz	Abgang von Blähungen
Fluor	Ausfluß
Folliculitis	Haarbalgentzündung
Fraktur	Bruch
Furunkel	eitrige Entzündung der Talgdrüse / des Haarbalges
Gangrän	„feuchter Gewebsbrand"
genuin	angeboren
Glaukom	grüner Star (erhöhter Augeninnendruck)
Gonorrhoe	Tripper: durch Gonokokken hervorgerufenen Infektion der Harn- und Geschlechtsorgane mit eitrigem Ausfluß
habitueller Abort	Anlage zu Fehlgeburten
Hämatokrit-Wert	Volumenanteil der roten Blutkörperchen an der Gesamtblutmenge [%]
Hämatom	Bluterguß, „blauer Fleck"
Hämodialyse	Dialyse des Blutes („Künstliche Niere"); Apparative Abtrennung harnpflichtiger

	Substanzen
Hämolyse	Auflösung der Erythrozyten
Hämorrhagie	Blutaustritt aus Gefäßen
Helminthen	Würmer
Hepatitis	Leberentzündung
hereditär	erblich, ererbt
Hernie	Eingeweidebruch
Herpes simplex	Hautausschlag mit Bläschenbildung, „Reizbläschen"
Herpes zoster	Gürtelrose
Herzinsuffizienz	Schwäche des Pumpvermögens des Herzens
Heterotropie	Auftreten von ortsfremdem Gewebe
Hirsutismus	Übermäßige Körperbehaarung bei Frauen
Hospitalismus	Durch Krankenhausaufenthalt bedingte Schädigung. Meist als infektiöser H. auftretende Erkrankung durch antibiotika-resistente Mikroorganismen in Kliniken
Hydrocephalus (gr. kephale: Kopf)	Wasserkopf
Hyperämie	(lokale) Überdurchblutung
Hyperplasie	Organvergrößerung durch Zell*vermehrung* (Überentwicklung)
Hypertrophie	Organvergrößerung durch Zell*vergrößerung*
Hypoplasie	Unterentwicklung
Hypoxämie	zu geringer Sauerstoffgehalt des Blutes
Hypoxie	Sauerstoffmangel (im Gewebe)
iatrogen	durch den Arzt erzeugt
Ikterus	Gelbsucht
Indigestion	Verdauungsstörung
Infarkt	Zelltod als Folge von Mangeldurchblutung / Verstopfung
Inflammatio	Entzündung
Insomnie	Schlaflosigkeit
Involution	physiologische Rückbildung (meist im Alter)
Ischämie	Blutleere infolge mangelnder Blutzufuhr
Karbunkel	Ansammlung von Furunkeln
Karies	Zerstörung des Zahnschmelzes durch Säuren (lat. caries = Morschsein)
Katarakt	grauer Star (Linsentrübung)
Kondylom	„Feigwarze"
Konkremente	„Steine"
Kretinismus	angeborene Schilddrüsenunterfunktion (frz.

	cretin: Schwachsinniger)
letal	tödlich
Lichen	Flechte, Schuppen
Lipomatose	Fettdurchwachsung eines Organs
Lithotrypter	Steinzertrümmerer
maligne	bösartig
Melanom	Geschwulst mit übermäßiger Melanin-ablagerung
Melanose	Überpigmentierung der Haut
Metaplasie	Umwandlung einer Gewebsart in eine andere (Fehl-)Differenzierung
Metastase	sekundärer Krankheitsherd als Folge eines Verschleppungsprozesses (häufig im Zusammenhang mit Tumoren gebräuchlich)
Meteorismus	Blähsucht
Mictio involuntaria	unwillkürliches Harnlassen
morbide	krank
Morbus (meist Morbus ...)	Krankheit
Morbus Basedow	best. Schilddrüsenerkrankung (Über-funktion) („Glotzaugenkrankheit“)
Mortalität	Sterblichkeit
Mumifikation	„trockener Gewebsbrand“
Myasthenie	Muskelschwäche
Mykose	Pilzerkrankung
Naevus	Muttermal
Nausea	Übelkeit
Nekrose	Gewebstod
Nematoden	Fadenwürmer
Nephrolith	Nierenstein
nosokomial	mit Bezug auf das Krankenhaus
Obesitas	allg. Fettsucht
Obliteration	Verwachsung, Verödung, Rückbildung
Ödem	Flüssigkeitsansammlung im Gewebe (aus den Gefäßen kommend)
Oligämie	Abnahme der Blutmenge bei normaler Zusammensetzung
Onychomykose	Nagelpilz
Osteoporose	Knochensubstanzschwund
palliativ	lindernd (aber nicht heilend)
pandemisch	auf große Gebiete ausgedehntes Auftreten (z.B. einer Krankheit)

parenteral	unter Umgehung des Verdauungstraktes
pathogen	krankheitserregend
Parotitis	Mumps
Perniones	Frostbeulen
peroral	durch den Mund
Pneumothorax	Luftansammlung im Brustfellraum außerhalb der Lungen
Pruritus	Juckreiz
Psoriasis	Schuppenflechte
Rabies	Tollwut
Rachitis	Vitamin-D-Mangelkrankheit
Regeneration	gleichwertige Gewebsneubildung
Rezidiv	Rückfall
Rhagade	(Ein-)Riß, Schrunde, meist sehr schmerzhaft
Rhinorrhagie	Nasenbluten
Ruptur	(Ab-)Riß
Scabies	Krätze
Sepsis	Blutvergiftung
Somnolenz	Schläfrigkeit
Somnium	Traum
Somnus	Schlaf
Spasmus, spastisch	Krampf, verkrampft
Stase	(Gefäß)verstopfung
Stenose	Verengung
Struma	Kropf
Tachykardie	Herzrasen
Teratom	angeborene Gewebsgeschwulst
Thelitis	Brustwarzenentzündung
Thrombose	Verstopfung der Gefäßbahn durch Blutgerinnsel
Thrombus	Blutgerinnsel
Trauma	Wunde, Verletzung, Schaden; sowohl physischer als auch psychischer Natur
Urate	Salze der Harnsäure (z.B. bei Gicht)
Urolith	Blasenstein
Urtikaria	Nesselsucht
Varikose	Krampfaderleiden
Varix	Krampfader
Verruca	Warze
visceral	die Eingeweide betreffend
Vitiligo	lokaler Melaninmangel (weiße Flecken)

Vulnus	Wunde
Xanthom	(gelbe) Wucherungen cholesterolesterhaltiger Zellen
Zestoden	Bandwürmer
Zirrhose	Schrumpfung
Zyanose, Cyanose	Bläuliche Verfärbung von Haut und insb. Schleimhäuten infolge eines vermehrten Gehaltes an reduziertem Hämoglobin (vgl. auch Zyankali)
Zyste, Cyste	mit Flüssigkeit gefüllte Gewebskapsel

17 ARZNEIMITTELGRUPPEN

Folgende Übersicht enthält die wichtigsten Arzneimittelgruppen als Zusammenfassung *mehrerer* Arzneimittel bzw. pharmakologischen Wirkungsgruppen, bei deren Bezeichnungen es sich ausschließlich um lateinische (bzw. latinisierte) **substantivierte Adjektive** oder **Verbaladjektive** handelt (z.B Adstringentia, Desinficientia, Laxantia). Diese müßten streng genommen stets durch ein vorangestelltes „Remedia" ergänzt werden, woraus sich die allen gemeinsame Form des *Neutrums Plural* erklärt; im Falle eines *einzelnen* Arzneimittels wird dagegen der entsprechende *Singular* gebraucht (z.B. Analgeticum, Expectorans, Sedativum). Die Namensbildung geht im wesentlichen einmal von der angestrebten bzw. erzielten **Wirkung oder Funktion** aus (z.B. Emollientia, Purgantia, Spasmolytica, Vomitiva), zum anderen nimmt sie Bezug auf das zu behandelnde **Organ** (z.B. Cardiaca, Dermatica, Ophthalmica, Stomachica), schließlich wird sie ganz allgemein durch diejenige **Krankheit** bestimmt, gegen die das jeweilige Arzneimittel gerichtet ist (z.B. Antidiabetica, Antirheumatica, Antitussiva; aber auch unter Auslassung des „i": Anthelmintica).

Bezeichnung	**Bedeutung**
Adstringentia	zusammenziehende Mittel
Amara	Bittermittel
Anabolica	den körpereigenen Eiweißaufbau fördernde Mittel
Anaesthetica (Lokal-)	(örtlich) die Schmerzempfindung ausschaltende Mittel
Analeptica	belebende, anregende Mittel
Analgetica	schmerzstillende Mittel
Antacida	Mittel gegen Säureüberschuß
Ant(i)allergica	Mittel gegen Allergien
Ant(i)asthmatica	Mittel gegen Asthma
Ant(i)emetica	Mittel gegen Erbrechen
Ant(i)helminthica	Mittel gegen Eingeweidewürmer
- contra Taeniam	gegen Bandwurm
- contra Oxyures	gegen Madenwürmer
- contra Ascarides	gegen Spulwürmer
Antibiotica	Mittel gegen (das Leben von) Mikroorganismen
Anticoagulantia	blutgerinnungshemmende Mittel
Antidepressiva	Mittel gegen Depressionen
Antidiabetica	Mittel gegen Zuckerkrankheit (Diabetes

	mellitus)
Antidiarrhoica	Mittel gegen Durchfall
Ant(i)epileptica	Mittel gegen Fallsucht (Epilepsie)
Antihistaminica	Mittel gegen Histaminwirkung (entspr. Antiallergica)
Antihypertonica	blutdrucksenkende Mittel (gegen hohen Blutdruck)
Antihypotonica	blutdrucksteigernde Mittel (gegen niedrigen Blutdruck)
Antimycotica (Fungizide)	Mittel gegen (Haut)pilzerkrankungen, pilztötende Mittel
Antineuralgica	Mittel gegen (Nerven-)Schmerzen
Antiphlogistica	Mittel gegen lokale Entzündungen
Antipyretica	Mittel gegen Fieber
Antirheumatica	Mittel gegen rheumatische Erkrankungen
Antiseptica	Mittel gegen (Wund-)Infektionen
Antispasmodica	krampfstillende Mittel
Anti(per)tussiva	Mittel gegen trockenen (Keuch-)Husten
Aperitiva	appetitanregende, leicht abführende Mittel
Aphrodisiaca	geschlechtstriebsteigernde Mittel
Ataractica	erregungsdämpfende Beruhigungsmittel
Broncho(secreto)lytica	bronchialschleimlösende Mittel
Cardiaca	herzstärkende Mittel
Carminativa	blähungstreibende Mittel
Cathartica	mittelstarke Abführmittel
Caustica	Ätzmittel
Chemotherapeutica	1) chemische Mittel gegen Infektionskrankheiten 2) Mittel in der Tumortherapie
Cholagoga	galletreibende Mittel (Oberbegriff)
Cholekinetica	Gallenabfluß anregende Mittel
Choleretica	Gallenbildung anregende Mittel
Contraceptiva (Anticoncipientia)	Mittel zur Empfängnisverhütung
Corticoide	Nebennierenrindenhormone
Dentifrica	Zahnpflegemittel
Depilatoria	Enthaarungsmittel
Depurantia	leichte Abführmittel
Depurativa	Blutreinigungsmittel
Dermatica	Hautmittel
Desinficientia	keimtötende Mittel
Desodorantia	geruchsbindende, -beseitigende Mittel

Detergentia	reinigende Mittel (Reinigungsmittel)
Diaphoretica (Hidrotica)	schweißtreibende Mittel
Digestiva	verdauungsfördernde Mittel
Diuretica (Saluretica)	harntreibende Mittel
Drastica	sehr starke Abführmittel
Emetica (Vomitiva)	Brechmittel
Emmenagoga	menstruationsfördernde Mittel
Emollientia	(haut-)erweichende Mittel
Excitantia	belebende Mittel
Expectorantia	auswurffördernde Mittel = Mittel gegen „verschleimten" Husten
Exsiccantia	austrocknende Mittel
Fibrinolytica	fibrinauflösende Mittel
Ganglioplegica	Ganglienblocker
Geriatrica	Mittel gegen Alterskrankheiten
Gynaecologica	Mittel gegen Frauenkrankheiten
Haemostyptica (Haemostatica)	blutstillende Mittel
Hidrotica (Diaphoretica)	schweißtreibende Mittel
Hypnotica	Schlafmittel
Immun(o)suppressiva	eine Immunreaktion unterdrückende Mittel
Lactagoga	milchtreibende Mittel
Laxantia (Laxativa)	Abführmittel
Miotica	pupillenverengernde Mittel
Muskelrelaxantia	muskelerschlaffende Mittel
Mydriatica	pupillenerweiternde Mittel
Narcotica	Betäubungs-, Rauschmittel
Nervina	auf das Nervensystem einwirkende Mittel
Neuroleptica (Neuroplegica)	nervenreizdämpfende Mittel
Obstipantia	Stopfmittel
Ophthalmica	Mittel gegen Augenkrankheiten
Otologica	Mittel gegen Ohrenkrankheiten
Parasympath(ic)olytica	Mittel gegen Parasympathikusreizwirkung
Parasympath(ic)omimetica	Mittel mit Parasympathikusreiz-ähnlicher Wirkung
Pectoralia	Brustmittel
Prophylactica	vorbeugende Mittel
Psychopharmaka	auf die Psyche einwirkende Mittel
Psychotonica	antriebssteigernde Mittel
Purgantia (Purgativa)	Abführmittel
Refrigerantia	(ab)kühlende Mittel
Relaxantia	muskelentspannende Mittel

Resorbentia	resorptionsfördernde Mittel
Rhinologica	„Schnupfenmittel“
Roborantia	Stärkungsmittel
Rubefacientia	hautrötende Mittel
Sedativa	Beruhigungsmittel
Solventia	(schleim-)lösende Mittel
Spasmolytica	krampflösende Mittel
Stimulantia	anregende, reizende Mittel
Stomachica	appetit-, verdauungsanregende Mittel (eigentlich: Magenmittel)
Sympath(ic)olytica	Mittel gegen Sympathikusreizwirkung
Sympath(ic)omimetica	Mittel mit Sympathikusreiz-ähnlicher Wirkung
Thymoleptica	stimmungshebende Mittel
Thyreostatica	die Schilddrüsenhormonbildung hemmende Mittel
Tonica	Kräftigungsmittel
Tranquillantia (*Tranquilizer*)	die Psyche beruhigende Mittel
Uterustonica	Wehenmittel
Vesicantia	blasenziehende Mittel
Vomitiva (Emetica)	Brechmittel
Zytostatica, Cytostatica,	Mittel gegen bösartige Geschwulstbildung, Zellwachstum und -Vermehrung hemmende Mittel

18 REZEPT-AUFBAU

18.1 Privatrezept / klassischer Rezeptaufbau

Nicht nur das gesprochene Wort sondern auch schriftliche Mitteilungen dienen der Kommunikation zwischen Arzt und Apotheker. Hierzu wird die das „Rezept“ als Informationsmedium verwendet, dessen Formalia vorgegeben sind. So enthält es in der Inscriptio Namen und Anschrift des Arztes sowie eine Datierung. In der Invocatio („Anrufung“) fordert der Arzt den Apotheker auf, etwas zu tun (recipe = nimm!). Die zu verwendenden Bestandteile werden in der Praescriptio in der lateinischen[21] *Genitiv*form aufgeführt. Meist werden sie hier in sinnvoll abgekürzter Schreibweise angegeben. Neben der Nennung der einzelnen Bestandteile muß auch eine eindeutige Angabe zu deren Menge gemacht werden. Zahlen in arabischen Ziffern geben dabei Mengen in Gramm an[22], mit römischen Ziffern werden Stückzahlen bezeichnet. Die Subscriptio gibt anschließend Auskunft darüber, was mit diesen Substanzen geschehen soll, d.h. welche Arzneiform zuzubereiten ist und ggf. in welches Abgabegefäß zu füllen ist. Weitere Angaben wie z.B. zur Beschriftung finden sich dann in der Signatur wie in folgender Tabelle dargestellt.

	Bezeichnung	Beispiel	
I	**Inscriptio**	Dr. med. NN. Arzt für Hautkrankheiten Adresse Ort, Datum	
II	**Invocatio**	**Rp.**	
III	**Ordinatio / Praescriptio**		
	Remedium Cardinale	Triamcinoloni	0.01
	Remedium Adjuvans	Nystatini	0.1
	Remedium Corrigens	Boli rubrae	q.s.
	Remedium Constituens / Excipiens	Pastae zinci mollis	ad 100.0
IV	**Subscriptio**		
	Compositio	M. f. Ungt.	
	Dispensio	D. ad. oll.	
V	**Signatura**	s.: morgens (Gesicht)	
	Nomen aegroti	Für Frau N.N., Anschrift	
	Nomen medici	.... (Unterschrift)	

[21] neuerdings trifft man auch vermehrt die deutsche Bezeichnung im Nominativ an; dies insbesondere dann, wenn es sich um neuere Arzneistoffe handelt, die umständlich zu relatinisieren sind.

[22] falls keine anderen Einheiten angegeben sind.

Vorgaben zu Papierart und -format eines Privatrezeptes[23] existieren genausowenig wie die Vorgabe, daß die Inscriptio bereits auf das Rezept eingedruckt sein muß. Es ist nicht einmal vorgeschrieben, daß die ärztliche Verordnung auf Papier geschrieben sein muß. Im Zweifelsfalle kann sie vom Arzt auch auf irgendeinem Zettel o.ä.[24] angefertigt werden solange sie die oben genannten Inhalte enthält.

18.2 Kassenrezept

Alle diese Bestandteile finden sich auch auf einem neuen Kassenrezeptformular, jedoch ist deren Positionierung auf dem *genau definierten Formular* anders: der Name und die Anschrift des Patienten finden sich links oben wieder, die Inscriptio rechts unten. Die Invocatio ist bereits Bestandteil des Vordruckes, für die vom Arzt noch anzugebende Ordinatio, Subscriptio und ggf. Einnahmehinweise ist der breite Streifen links neben der Inscriptio reserviert. Darüberhinaus enthält das Formular noch bestimmte Felder, die für die Abrechnung der Apotheke mit der betreffenden Krankenkasse relevant sind.

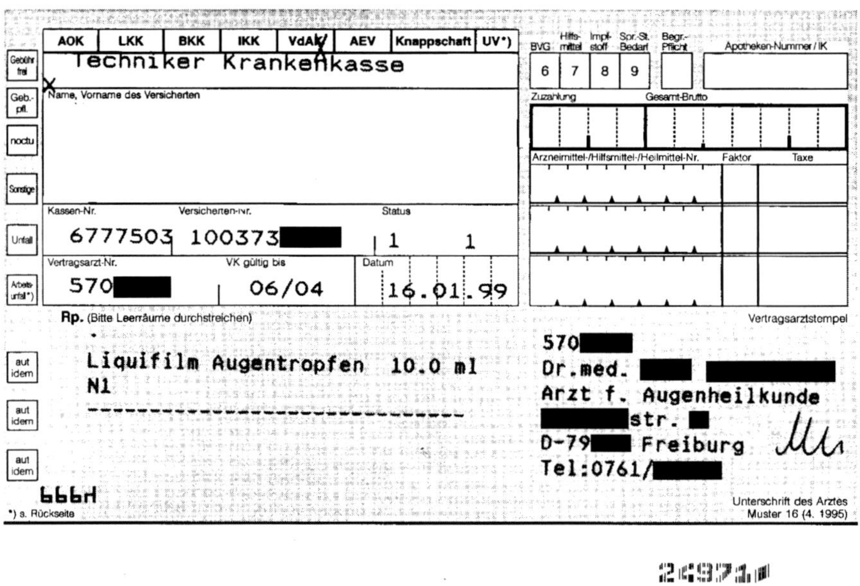
AOK | LKK | BKK | IKK | VdAK | AEV | Knappschaft | UV*)
Gebühr frei
Geb.-pfl.
noctu
Sonstige
Unfall
Arbeitsunfall*)
Techniker Krankenkasse
Name, Vorname des Versicherten
Kassen-Nr. 6777503 Versicherten-Nr. 100373[redacted] Status 1 1
Vertragsarzt-Nr. 570[redacted] VK gültig bis 06/04 Datum 16.01.99
BVG | Hilfsmittel | Impfstoff | Spr.-St. Bedarf | Begr.-Pflicht | Apotheken-Nummer / IK
6 | 7 | 8 | 9
Zuzahlung | Gesamt-Brutto
Arzneimittel-/Hilfsmittel-/Heilmittel-Nr. | Faktor | Taxe
Rp. (Bitte Leerräume durchstreichen)
aut idem
aut idem
aut idem
Liquifilm Augentropfen 10.0 ml
N1
Vertragsarztstempel
570[redacted]
Dr.med. [redacted]
Arzt f. Augenheilkunde
[redacted]str. [redacted]
D-79[redacted] Freiburg
Tel:0761/[redacted]
Unterschrift des Arztes
Muster 16 (4. 1995)
*) s. Rückseite

23 abgesehen von Betäubungsmittelrezepten

24 es ist sogar schon vorgekommen, daß der Arzt die Verordnung auf den Arm des Patienten geschrieben hat. In diesem Fall hatte der Patient jedoch Schwierigkeiten, das Rezept im Original bei seiner Privatversicherung vorzulegen.

19 REZEPT-ABKÜRZUNGEN

Nicht nur die Bezeichnungen der Arznei- und Hilfsstoffe werden -wie oben beschrieben- auf dem Rezept abgekürzt; gleiches gilt auch insbesondere für die Subscriptio sowie für die Mengenangaben.

19.1 Lateinische Abkürzungen auf Rezepten

Abkürzung	Bedeutung	Übersetzung
aa	ana partes aequales	zu gleichen Teilen
aa ad	ana partes aequales ad	zu gleichen Teilen auffüllen bis
a.c.	ante cenam	vor dem Essen
ad caps. amyl.	ad capsulas amylaceas	in Stärkemehlkapseln (Oblatenkapseln)
ad caps. gelat.	ad capsulas gelatinosas	in Gelatinekapseln
ad (d).	adde	füge hinzu
ad baln.	ad balneum	für das Bad
ad lib.	ad libitum	nach Belieben
ad man. med.	ad manus medici	zu Händen des Arztes
ad oll. rel.	ad ollam relatam	in zurückgebrachte Kruke
ad us. int. /ext.	ad usum internum / externum	zum inneren / äußeren) Gebrauch, innerlich / äußerlich
ad us. med.	ad usum medicinalem (medici)	zum ärztlichen Gebrauch / zum Gebrauch des Arztes
ad us. propr.	ad usum proprium	zum eigenen Gebrauch
ad us. vet.	ad usum veterinarium	zum tierärztlichen Gebrauch, zum Gebrauch für Tiere
ad vitr.	ad vitrum	in ein Glas
aeq. , aequal.	aequalis	gleich
Aq.	Aqua	Wasser
Aq. comm.	Aqua communis	gewöhnliches Wasser = Trinkwasser
Aq. dem.	Aqua demineralisata	entmineralisiertes Wasser
Aq. dest.	Aqua destillata	destilliertes Wasser
Aq. ferv.	Aqua fervida	heißes Wasser
Aq. font.	Aqua fontana	Trinkwasser
Aq. purif(ic).	Aqua purificata	gereinigtes Wasser
aquos.	aquosus, -a, -um	wäßrig
aut simil.	aut simile	oder ähnliches

C	centies[25]	Centesimalpotenz
C	centum	100
c.	cum	mit
c. calicib.	cum calicibus	mit Kelchblättern (Kelchen)
c. flor.	cum floribus	mit Blüten
c. fruct.	cum fructibus	mit Früchten
caps.	capsula, -ae	Kapsel
caps amyl.	capsula amylacea	Stärkekapsel
caps. gelat.	capsula gelatinose	Gelatinekapsel
cave	cave!	Vorsicht!
cito	cito!	schnell, es eilt
comp.	compositus, -a, -um	zusammengesetzt
conc.	concentratus, -a, -um	konzentriert
conc.	concisus, -a, -um	zerschnitten
cont.	contusus	zerquetscht, zerstoßen (angestoßen)
consp.	consperge	bestreue!
Const.	Constituentia	Arzneiträger
ctr.	contra	gegen
D., d.	da / detur	gib!, es werde gegeben
D., Dos.	Dosis	Gabe, Menge
D	decies[26]	Dezimalpotenz
D	quingenti	500
d. t. d.	dentur tales doses	solche Mengen sollen gegeben werden (Multiplikationsmethode)
dep.	depuratus, -a, -um	gereinigt
dil., dilut.	dilutus; Dilutio	verdünnt, Verdünnung
div.i.part.aequ.	divide in partes aequales	teile in gleiche Teile (Divisionsmethode)
Emuls.	Emulsio	Emulsion
exsicc.	exsiccatus, -a, -um	ausgetrocknet
f.	fiat	es soll gemacht werden / entstehen
frig. par.	frigide paratus	kalt bereitet
Glob. vag.	Globuli vaginales	Vaginalkugeln
gross. plv.	grosse pulveratus	grob gepulvert
Gtt.	Gutta, -ae	Tropfen
i. bacill.	in bacillis	in Stäbchen
i. bacul.	in baculis	in Stangen
i. fasc.	in fascibus	in Bündeln
i. fol.	in foliis	in Blättern

25 Zahladverb von centum (hundertmal)
26 Zahladverb von decem (zehnmal)

i. glob.	in globulis	in Kugeln
i. gran.	in granis	in Körnern
i. lacrim.	in lacrimis	in Tränen (= in Tropfen)
i. lam.	in lamellis	in Blättchen
i. sort.	in sortibus	in natürlicher, nicht ausgelesener Ware
i. tabul.	in tabulis	in Tafeln
inc.	incisus	eingeschnitten
inf.	infunde	gieße auf!
Inf.	Infusum	Aufguß
Inj.	Injectio	Einspritzung
inspiss.	inspissatus, -a, -um	eingedickt
L	quinquaginta	50
len. cal.	leni calore	bei gelinder Wärme
lev.	levis	leicht
leviss.	levissimus	sehr leicht
liquefact.	liquefactus	flüssig gemacht, verflüssigt
liquid.	liquidus, -a, -um	flüssig
LM	quinquaginta milia	50.000 (hom. Verdünnung in 50.000er Schritten)
M	mille	1000
mac.	macera	mazeriere!
Mass.	Massa	Grundmasse
M.D.S., m.d.s.	misce, da, signa	mische, gib, bezeichne!
m. f.	misce fiat	mische, damit entsteht
M.m.	Morphinum muriaticum	Morphinhydrochlorid
min. conc.	minutim concisus, -a, -um	fein geschnitten
mur.	muriaticus = hydrochloricus	salzsauer, Hydochlorid
nat.	naturalis	natürlich
ne reit.	ne reiteretur	soll nicht zum zweitenmal angefertigt werden
ne repet.	ne repetatur	soll nicht wiederholt abgegeben werden
necesse est	-	es ist notwendig
noctu	-	nachts
norm.	normatus, -a, -um	eingestellt
Nr.	numerus	Anzahl (gefolgt von lateinischem Zahlensymbol)
oll.	olla	Kruke
p.a.	pro analysi	für die Analyse
p.c.	post cenam	nach dem Essen
p.d.	pro die	pro Tag (täglich)

p.s.	pro synthesi	für die Synthese[27]
Pil.	Pilulae	Pillen
Pot.	1) Potio	Trank
	2) Potenz (homöopath.)	
pro baln.	pro balneo	für das Bad
pro d.	pro die	für den Tag
pro d(os).	pro dosi	für die Einzelgabe
pro inf(ant).	pro infantibus	für Kinder
pro inf.	pro infusione	zur Infusion
pro med.	pro medico	für den Arzt, zu Händen des Arztes
pro us. vet.	pro usu veterinario	zum Gebrauch für Tiere
plv. subt.	pulvis subtilis	fein gepulvert
Q.	quinquaginta milia	50.000 (hom. Verdünnung in 50.000er Schritten; andere Bez. für LM-Potenzen)
q. l.	quantum libet	genügend viel
q.s.	quantum satis	soviel wie nötig ist
raff.	raffinatus, -a, -um	raffiniert, gereinigt
rasp.	raspatus, -a, -um	geraspelt
rec.	recens	frisch
rec. par.	recenter paratus	frisch bereitet
reit.	reiteretur	es werde wiederholt
rel.	relatus, -a, -um	zurückgebracht
Remed.	Remedium	Heilmittel
rep.	repetatur	es werde wiederholt
R ., Rp., Rec.	recipe!	Nimm!
S., s	signa!	Beschrifte!
s.	sine	ohne
scat.	scatula	Schachtel
s. calic.	sine calicibus	ohne Blütenkelche
sine confect.	sine confectione	ohne Original-Verpackung
s.v.	sine vitro	ohne Glas (ohne Verpackung)
solv.	solve!	Löse!
Sol.	Soltitio; solutus, -a, -um	Lösung, gelöst
Spec.	Species	Teemischung
spiss.	spissus, -a, -um	eingedickt
Supp.	Suppositorium	Zäpfchen
tal.	talis	so beschaffen, solche

27 „p.s.“-Chemikalien sind von geringerer chemischer Reinheit als Ware in p.a. Qualität, da durch die bei einer Synthese entstehenden Nebenprodukte sowieso eine abschließende Reinigung erforderlich ist. Bei einer Analyse hingegen dürfen durch die verwendeten Chemikalien keine Fremdsubstanzen eingeschleppt werden.

Tct. Tinct.	Tinctura	Tinktur
titr.	titratus, -a, -um	eingestellt
tost.	tostus, -a, -um	geröstet
tot.	totus, -a, -um	ganz
Ugt., Ungt.	Unguentum	Salbe
ust.	ustus, -a, -um	gebrannt
vet.	veterinarius, -a, -um	tiermedizinisch
virid.	viridis	grün
V., vitr.	vitrum	Glas
V. ampl.	Vitrum amplum	Weithalsglas
V. patent. (V. gutt., V. rost.)	Vitrum patentatum (guttatum, rostratum)	Patent-(Tropf)-Glas
V. pip.	Vitrum pipetatum	Pipettenglas
V.s., Vitr. simpl.	Vitrum simplex	einfaches Glas
V. tect.	Vitrum tectum	Flasche mit Glasstopfen

19.2 Sonstige Abkürzungen auf Rezepten und Arzneimitteln

Abkürzung	**Bedeutung**
OP	Originalpackung = kleinste im Handel befindliche Packungsgröße
N1, N2, N3	Normgröße 1, 2 bzw. 3
KP	Kassenpackung
AP	Anstaltspackung
Oplx.	Oligoplex
Ptk.	Pentarkan
Spx.	Similiaplex
spag.	spagyrisch
z. Hd. d. A.	zu Händen des Arztes
p.o.	peroral
IE	Internationale Einheiten
i. m.	intramuskulär
i. v.	intravenös
s. c.	subcutan
i. c.	1) intracutan 2) intracardial 3) intracranial
msr	magensaftresistent

Die folgenden (nicht immer eindeutigen!) meist aus drei Buchstaben bestehenden Abkürzungen findet man oft zur Bezeichnung der hinter den Präparatenamen auf Rezepten oder auch in (elektronischen) Nachschlagewerken. Eine zweifelsfreie Zuordnung gelingt bisweilen nur in Verbindung mit dem angegebenen Präparatenamen und in Kenntnis der betreffenden Produktpalette.

Abkürzung	**Bedeutung**	**Abkürzung**	**Bedeutung**
Amp	Ampulle	*NS*	Nasensalbe
AS	Augensalbe	*OT*	Ohrentropfen
AT, ATr	Augentropfen	Plv	Pulver
Bon	Bonbon	*REK*	Retardkapseln
Cre	Creme	RET	Retardtabletten
DA	Dosieraerosol	Saf	Saft
Dil	(hom.) Verdünnung	Sal, Slb	Salbe
Drg	Dragee	Sir	Sirup
EDO	Einzeldosisophthiole = einzeldosierte Augentropfen	*SSu*	Säuglings-Suppositorien
ESu	Erwachsenensuppositorien	Sup	Suppositorien
FTa	Filmtabletten	Sus(p)	Suspension
Gra	Granulat	Tab	Tabletten
Imp	Implantat	Trit	(hom.) Verreibung
Inf	Infusion	TrA	Trinkampulle
Inh	Inhalat	TrL	Tropflösung oder Trinklösung
Inj	Injektionslösung	Tro, Trp(f)	Tropfen
Kps	Kapseln	*TrS*	Trockensaft oder Trockensubstanz
KSu	Kindersuppositorien	*TSa*	Trockensaft
Lot	Lotio	Urt	(hom.) Urtinktur
Lsg	Lösung		

20 APOTHEKENÜBLICHE FACHAUSDRÜCKE

Fachausdruck	Bedeutung
Allopathie	„Anderes Leiden" Behandlung der Krankheit mit Mitteln anderer („gegenteiliger") Wirkung; symptomatische Behandlung
Apotheker	approbierter Pharmazeut
Approbation	„Bestallung", staatl. Zulassung zum Beruf
Arzneibuch, Pharmakopoe	Rechtlich verankerte Zusammenstellung von u.a. Methoden zur Herstellung und Prüfung von Arzneimitteln sowie Monographien zu Arznei- und Hilfsstoffen, Drogen und Verbandstoffen
Arzneiform, Darreichungsform	Die Form, in der ein Arzneistoff an den Patienten abgegeben wird; z.B. Tablette, Lösung, Emulsion etc.
Arzneimittel	Die Arzneizubereitung zzgl. Verpackung und Beipackzettel
Arzneistoff	Der wirksame Bestandteil eines Arzneimittels
Arzneizubereitung	Ist der Arzneistoff im Rahmen der Herstellung zusammen mit den ggf. erforderlichen Hilfsstoffen zu einer bestimmten Arzneiform verarbeitet, ist das Produkt die Arzneizubereitung
Aufbrauchfrist	Frist, die *nach Anbruch*[28] durch den Patienten vergehen darf, bevor das Arzneimittel als nicht mehr verwendbar anzusehen ist
Charge	Die Einheit aller aus einem einheitlichen Arbeitsgang hervorgehender Arzneimittel
Defektur	Herstellung fehlender (= „defekter") Arzneimittel auf Vorrat
Droge	1) Getrocknete Tier- und Pflanzenteile 2) Umgangssprachlich: Rauschmittel
Formulierung	Die Herstellungsvorschrift bzgl. der Art und Menge der zu verwendenden Arznei- und Hilfsstoffe, um daraus ein Arzneimittel zu erzeugen
Galenik	Pharmazeutische Technologie, Lehre der Arzneiformung (Galenos von Pergamon: griech. Arzt)
Haltbarkeit	Zeit, die bei bestimmungsgemäßer Lagerung *nach Herstellung* maximal vergehen darf, bevor das Arzneimittel

[28] angebrochene Arzneimittel sind nicht mehr verkehrsfähig

	als nicht mehr verwendbar anzusehen ist. Bis dahin muß u.a. ein Wirkstoffgehalt von mindestens 90%[29] gewährleistet sein. Danach ist das Arzneimittel nicht mehr verkehrsfähig.
Homöopathie	„Gleiches Leiden“ Therapie mit hochverdünnten Mitteln, die bei einem gesunden Menschen die gleichen Symptome wie die zu behandelnde Krankheit hervorrufen
HV-Tisch	Handverkaufstisch (der nur von Laien als „Theke“ bezeichnet wird)
Indifferenda	schwach wirkende Mittel (schwarze Schrift auf weißem Grund)
Offizin	Verkaufsraum der Apotheke
Pflaster	früher: Eine bestimmte Arzneiform, die zum Auftragen auf die Haut bestimmt war und z.B. mit einem Verband abgedeckt wurde. Pflaster waren häufig wachsartig fest und mußten vor Anwendung ggf. erwärmt werden. heute: wirkstoffhaltige oder wirkstofflose selbstklebende Haftstreifen mit Wundauflage
Pharmacognosie	Drogenkunde (wörtl.: Das Kennen der Arzneimittel; früher wurden fast ausschließlich Drogen als Arzneimittel verwendet)
Pharmazeut	1) allg.: jemand, der sich mit der Herstellung und Prüfung von Arzneimitteln befaßt (von Pharmakon = Arzneimittel) 2) spez.: erfolgreicher Absolvent des Studienganges Pharmazie
Placebo	Zubereitung ohne Wirkstoff
postprandial	nach der Mahlzeit
Rezeptur	1) Herstellungsvorschrift 2) Arbeitsbereich in der Apotheke zur Herstellung eines Arzneimittels
Separanda	stark wirkende Mittel, eigentl. „getrennt aufzubewahren“, heute: vorsichtig aufzubewahren (rot auf weiß)
Spezialität	Fertigarzneimittel[30]
Taxation	Berechnung des Verkaufspreises
Venena	Gifte (weiße Schrift auf schwarzem Grund)
Verum	Das wirkstoffhaltige Analogon zum Placebo

[29] neuerdings werden mehr und mehr 95% Wirkstoffgehalt angestrebt

[30] Die Mehrzahl der heutzutage in Apotheken verkauften Arzneimittelpackungen waren zu Zeiten, in denen die meisten Arzneimittel noch individuell angefertigt wurden die „spezielle“ Ausnahme.

21 LATEINISCHE ABKÜRZUNGEN UND REDEWENDUNGEN

Akürzung bzw. Redewendung	Deutsche Bedeutung
a priori	von vornherein
ad absurdum (führen)	zum Sinnlosen, das Widersinnige nachweisen
ad acta	zu den Akten (legen)
ad hoc	für den (Augenblick), eigens zu diesem Zweck
ad infinitum	unendlich (wörtl.: ins Unendliche)
ad libitum	nach Belieben
ad longam vitam	auf ein langes Leben
ad multos annos	auf viele Jahre (häufiger Schluß einer Laudatio)
advocatus diaboli	wörtl: Anwalt des Teufels. Jemand, der die gegnerischen Argumente anführt, ohne selbst der Gegenpartei anzugehören
alea iacta est	der Würfel ist gefallen
alias ...	sonst, noch ...
alma mater	Hochschule (wörtl.: segenspendende Mutter)
alter ego	das andere ich
Assessor	Beisitzer
audiatur et altera pars	gehört werde auch die andere Partei
auditorium	Zuhörerschaft
carpe diem	nutze den Tag
cave	Vorsicht!
conditio sine qua non	Bedingung, ohne die (es) nicht (geht), unabdingbare Voraussetzung
coram publico	in aller Öffentlichkeit
corpus delicti	Beweisstück
crux	Kreuz
cum grano salis	mit einiger Einschränkung (wörtl.: mit einem Körnchen Salz)
curriculum vitae	Lebenslauf
de facto	tatsächlich
deus ex machina	unerwartete Lösung (wörtl.: Gott aus der Maschine)
disputatio	Erörterung, Abhandlung, mündl. Doktorprüfung in Form eines Vortrages

emeritus	Hochschullehrer im Ruhestand (wörtl.: Ausgedienter)
eo ipso	von selbst, selbstverständlich
ergo	also, folglich
errare humanum est	irren ist menschlich
Errata	Fehler (Beigelegter Hinweis auf nach der Drucklegung bekanntgewordene Fehler)
etc = et cetera	und so weiter
ex cathedra	vom Lehrstuhl aus
exequatur	möge (das Amt) ausüben
expressis verbis	ausdrücklich
genius loci	der Geist des Ortes
h.c. = honoris causa	ehrenhalber
hora ruit	Die Zeit drängt (wörtl.: die Stunde rennt)
ibid. = ibidem	ebenda
i.e. = id est	das bedeutet
imprimatur	es möge gedruckt werden
incognito	unerkannt
in dubio pro reo	im Zweifel für den Angeklagten
in extenso	ausführlich
in memoriam	zum Gedächtnis
in statu nascendi	im Werden begriffen
interim	vorläufig, einstweilen, unterdessen, zwischenzeitlich
junctim	verbunden
lapsus linguae	Fehltritt der Zunge, Versprecher
laudatio	Lobrede
lege artis	ordnungsgemäß, „nach den Gesetzen der Kunst“
medias in res	zur Sache (wörtl.: mitten in die Dinge)
memento mori	Gedenke des Todes!
nomen est omen	Name ist Vorzeichen, im Namen liegt eine Vorbedeutung
N.N. = nomen nescio	unbekannt, Stelle noch unbesetzt (wörtl.: Ich kenne den Namen nicht)
numerus clausus	beschränkte Anzahl bei einer Zulassung (wörtl.: geschlossene Anzahl)
opus	Werk
p. = pagina	Seite
persona non grata	unerwünschte Person
placet	es gefällt, wird genehmigt, Zustimmung

plenus venter non studet libenter	voller Bauch studiert nicht gern
primo loco	an erster Stelle
primus inter pares	der Erste unter Gleichen
pro domo	für das Haus
p.s. = post scriptum	Nachschrift, Zusatz
q.e.d. . = quod erat demonstrandum	was zu beweisen war
quorum	von welchen, zur Beschlußfassung erforderliche Anzahl
rigorosum	das (strenge) Examen, mündliche Doktorprüfug
r.i.p. = requiescat in pacem	möge er/sie in Frieden ruhen
status quo	gegenwärtiger Zustand
sui generis	von eigener Art
tabula rasa	reiner Tisch, reinen Tisch machen
vademecum	Taschenbuch, Ratgeber (wörtl.: wandere mit mir)
venia legendi	das Recht zum Lesen / Vorlesungen zu halten
vide	siehe
v.v. = vice versa	umgekehrt

22 SONSTIGE ABKÜRZUNGEN

Abkürzung	**Bedeutung**
a.a.O.	am angegebenen Ort
A.	Anwendung
ABDA	Bundesvereinigung Deutscher Apothekerverbände (= Arbeitsgemeinschaft der Berufsvertretungen deutscher Apotheker)
ABO, ApBetrO	Apothekenbetriebsordnung
ACTH	Adrenocorticotropes Hormon
ADKA	Arbeitsgemeinschaft Deutscher Krankenhausapotheker e.V.
AEV	Verband der Arbeiter-Ersatzkassen
A.-E.	Antitoxin-Einheit
AIDS	Aquired immuno-deficiency syndrom
AMG	Arzneimittelgesetz
Amp.	Ampulle
AMPreisV	Arzneimittelpreisverordnung
Amtsbl.	Amtsblatt
Anm.	Anmerkung
AOK	Allgemeine Ortskrankenkasse
ApG	Apothekengesetz
Apoth.-Jahrb.	Apotheker-Jahrbuch
APV	Arbeitsgemeinschaft für Pharmazeutische Verfahrenstechnik
Art.	Artikel
AT	Arzneitaxe
Ausf.VO	Ausführungsverordnung
Az.	Aktenzeichen
AZ	Apotheker Zeitung; (Montagsausgabe der DAZ)
BABO	Bundes-Apothekenbetriebsordnung
BfArM	Bundesamt für Arzneimittel und Medizinprodukte
BG	Berufsgenossenschaft
BGBl.	Bundesgesetzblatt
BGA	früheres Bundesgesundheitsamt
BGH	Bundesgerichtshof
BKK	Betriebskrankenkasse
BMJFFG	Bundesministerium für Jugend, Familie, Frauen und Gesundheit
BMI	Bundesministerium des Inneren
Btm.	Betäubungsmittel
BtMVV	Betäubungsmittelverschreibungsverordung

BArbG	Bundesarbeitsgericht
BSG	Bundessozialgericht
BVA	Bundesverband der Angestellten in Apotheken
BVerfG	Bundesverfassungsgericht
BVerwG	Bundesverwaltungsgericht
BVG	Bundesversorgungsgesetz (betrifft u.a. Kriegsversehrte, polit. Vertriebene)
Ch. B.	Chargenbezeichnung
CPMP	Committee for proprietary medical products
CRS	Chemische Reinsubstanz aber auch Controlled Release Society
DAPI	Deutsches Arzneiprüfungsinstitut
DAZ	Deutsche Apotheker Zeitung
D. B. P.	Deutsches Bundes-Patent
D (Dos.)	Dosis
D:	Diagnose
DGE	Deutsche Gesellschaft für Ernährung
dgl.	der(des)gleichen
DHU	Deutsche Homöopathie Union
Di.	Diphtherie
D. l.	Dosis letalis (tödliche Dosis)
DPhG	Deutsche Pharmazeutische Gesellschaft
DPT	Diphtherie-Pertussis-Tetanus
DPTPol	Diphtherie-Pertussis-Tetanus-Poliomyelitis
DRF	Deutsche Rezeptformeln
DST	Diphtherie-Scharlach-Tetanus
DT	Diphtherie-Tetantus
DTP	Diphtherie-Tetanus-Poliomyelitis
DVO	Durchführungsverordnung
EEG	Elektro-Enzephalogramm
EK	Einkaufspreis
EKG	Elektro-Kardiogramm
EMEA	European Agency for the Evaluation of Medical Products
Erl.	Erlaß
Erl.	Erläuterungen
Erw.	Erwachsene
et al.	et alii = und andere
E.W.	Eingetragenes Warenzeichen
Eßl.	Eßlöffel
FDA	Food and Drug Administration
FIP	Fédération Internationale Pharmaceutique
Fl.	Flasche

Fp.	Festpunkt (Schmelzpunkt)
GefStoffVO	Gefahrstoffverordnung
GewO	Gewerbeordnung
GG	Grundgesetz
GCP	Good clinical practices
GLP	Good laboratory practices
GMP	Good manufacturing practices Grundregeln für die Herstellung und Qualitätssicherung von Arzneimitteln
GVBl.	Gesetz- und Verordnungsblatt
Hb	Hämoglobin
HHL	Hypophysen-Hinterlappen
HIV	Human immunodeficiancy virus
HLB	Hydrophilic-lipophilic balance
HV	Handverkauf
HVL	Hypophysen-Vorderlappen
HWG	Heilmittelwerbegesetz
HWZ	Halbwertzeit
I .	Indikation
I.-E.	Immunisierungseinheit
I. E.	internationale Einheit
i. m.	intramuskulär
ICH	International Conference on Harmonization (Internationales Gremium mit dem Ziel, die Anforderungen an Arzneimittel zu standardisieren)
IKK	Innungskrankenkasse
INN	International Non Proprietary Name
IR	Infrarot
IUPAC	International union of pure and applied chemistry
i.v.	intravenös
I.U.	International Units
Kp	Kochpunkt (Siedepunkt)
KG	Körpergewicht
K.I.(KI)	Kontraindikation
l.c.	loco citato (am genannten Ort)
LAK	Landesapothekerkammer
LAV	Landesapothekerverband
LF	Laminar flow
LG	Landgericht
LKK	Landwirtschaftliche Krankenkasse
LMBG	Lebensmittel- und Bedarfsgegenständegesetz
MinBl.	Ministerialblatt

n.bez. /.n.d.	nicht bezahlt (non dedit = „er gab nicht“)
∅	homöopathische Urtinktur
OLG	Oberlandesgericht
OOS	Out of Specification
OpiumG	Opiumgesetz
PharmBetrV	Betriebsverordnung für pharmazeutische Hersteller
PZ	Pharmazeutische Zeitung
PIC	Pharmazeutische Inspektions Convention
ppb	parts per billion (engl. billion = dt. Milliarde!)
ppm	parts per million
®	Symbol für eingetragene (registrierte) Warenzeichen
RdErl.	Runderlaß
RF	Reichsformeln
RVO	Reichsversicherungsordnung
RWZ	registriertes Warenzeichen
s.c.	subkutan
Sdp.	Siedepunkt
Smp.	Schmelzpunkt
SOP	Standard Operating Procedures
STADA	Standardpräparate deutscher Apotheken
Subst.	Substanz
Suppl.	Supplement (Ergänzung)
TAB	Typhus-Parathypus A/B
TABTet	Typhus-Parathypus A/B-Tetanus
Tabl.	Tablette(n)
TÄHAV	Verordnung über tierärztliche Hausapotheken
Teel.	Teelöffel
Tr.	Tropfen
Tu., Tb., Tbc.	Tuberkulose
Ty.	Typhus
USP	United States Pharmacopoeia
UV	1) ultraviolett
	2) Unfallversicherung
VbF	Verordnung über brennbare Flüssigkeiten
VdAK	Verband der Angestellten-Krankenkassen
Verd.	Verdünnung
Verrbg.	Verreibung
vert.	vertatur (=es werde gewendet) = bitte wenden!
VK	Verkaufspreis
VO	Verordnung
WHO	World health organization, Weltgesundheitsorganisation

WIV	Fachgruppe Apotheker in Wissenschaft, Industrie und Verwaltung
WZ	Warenzeichen
Z.	Zusammensetzung
Zbf.	Zubereitungsform
ZL	Zentrallaboratorium Deutscher Apotheker, Eschborn
ZNS	Zentralnervensystem

23 ABKÜRZUNGEN VON ARZNEIBÜCHERN UND REZEPTURSAMMLUNGEN

Abkürzung	**Bedeutung**
DAB	Deutsches Arzneibuch
ABDDR	Arzneibuch der DDR
B.P. (Brit. Pharm.)	British Pharmacopoeia
USP	United States Pharmacopoeia
J. Pharm.	Japanische Pharmacopoe
Ph. Dan	Pharmacopoea Danica
Ph. Eur. (*EuAB*)	Pharmacopoea Europaea
Pharm. Franc.	Pharmacopoée francaise
Ph. Helv.	Pharmacopoea Helvetica
Ph. Int. (PI)	Pharmacopoea Internationalis
Ph. Nord.	Pharmacopoea Nordica
Svenska F.	Svanska Farmakopen (Pharmacopoea Svecica)
DAC	Deutscher Arzneimittel Codex
NRF	Neues Rezeptur-Formularium
DRF	Deutsche Rezeptformeln
ÖAB	Österreichisches Arzneibuch
P.M.	Praescriptiones Magistrales
Erg.-B. (*EB6*)	Ergänzungsband (zum DAB6)
FMB	Formulae Magistrales Berolinenses
HAB	Homöopathisches Arzneibuch
NF	National Formulary (USA)

24 LITERATURHINWEISE

Hügel, H.
Kurze Einführung in die pharmazeutische und medizinische Terminologie DAV, Stuttgart 1973 ISBN: 3-7692-0240-6

Arends, J.
Volkstümliche Namen der Arzneimittel, Drogen, Heilkräuter und Chemikalien, 16. Aufl., Springer Verlag, Berlin 1971 ISBN: 3-540-05430-8

Beyer, C., Hügel, H.
Pharmazeutische und Medizinische Terminologie, 2. Aufl., WVG, Stuttgart 1986 ISBN: 3804708412

Schulz, K.-H., Helmstädter, A.
Fachlatein, 12. Aufl., Govi-Verlag, Eschborn 1998 ISBN: 3-7741-0700-9

Dilg, P., Jüttner, G.
Pharmazeutische Terminologie, 2. Aufl., Govi-Verlag, Frankfurt am Main 1992 Nachdruck der Ausgabe von 1975 ISBN: 3-7741-9989-2

Bayer, K. (Hrsg.)
Cursus Latinus, C.C. Buchners Verlag, Bamberg 1988 ISBN: 3-7661-5500-8

Michler, M., Benedum, J.
Medizinische Fachsprache, Springer Verlag, Berlin 1972 ISBN: 3-540-05898-2

Kovar, K.-A.
Pharmazeutische Praxis, 5. Aufl., WVG, Stuttgart 1994 ISBN: 3-8047-1268-1

Gebler, H., Kindl, G.
Pharmazie für die Praxis, Thieme Verlag, Stuttgart 1990 ISBN: 3-13-730701-5

Wichtl, Max (Hrsg.)
Teedrogen und Phytopharmaka, 3 .Aufl., WVG, Stuttgart 1997 ISBN: 3804714536

Hunnius, C. (Burger, A. ; Wachter, H.)
Pharmazeutisches Wörterbuch, 8. Aufl., de Gruyter, Berlin 1998 ISBN:3110157934

Roche
Lexikon Medizin, 4. Aufl., Urban u. Schwarzenberg, München 1998 ISBN: 354111214X

25 SACHREGISTER

—B—

—C—

—D—

—E—

—F—

—G—

—H—

—I—

—J—

—K—

—L—

—M—

—N—

—O—

—P—

—Q—

—R—

—W—

—X—

—Y—

—Z—